高等职业教育机电工程类系列教材

国家级精品课程系列教材

机械设计基础
课程设计指导书

宋　敏　编

西安电子科技大学出版社

内 容 简 介

本书是高职高专院校机械设计基础课程设计的指导书。全书以单级圆柱齿轮减速器作为设计对象，详细叙述了减速器的结构、设计方法和步骤，并介绍了设计资料、标准与规范。书中通过举例、图示、文字说明等，形象地引导学生完成各阶段的设计内容。书中还提供了“设计题目”和完成设计必不可少的通用标准资料。

本书可作为高职高专院校机械类专业机械设计基础课程设计的教材，也可作为高职高专近机械类专业或非机械类专业的课程设计参考书。

图书在版编目（CIP）数据

机械设计基础课程设计指导书 / 宋敏编.
—西安：西安电子科技大学出版社，2006.1(2023.1 重印)
ISBN 7–5606–1618– 6

Ⅰ. 机…　Ⅱ. 宋…　Ⅲ. 机械设计—高等学校：技术学校—教学参考资料　Ⅳ. TH122

中国版本图书馆 CIP 数据核字（2005）第 145400 号

策　　划　毛红兵
责任编辑　王　瑛　毛红兵
出版发行　西安电子科技大学出版社(西安市太白南路 2 号)
电　　话　(029)88202421　88201467　　邮　　编　710071
网　　址　www.xduph.com　　电子邮箱　xdupfxb001@163.com
经　　销　新华书店
印刷单位　西安日报社印务中心
版　　次　2006 年 1 月第 1 版　2023 年 1 月第 11 次印刷
开　　本　787 毫米×1092 毫米　1/16　印张 5
字　　数　110 千字
印　　数　28 301～28 800 册
定　　价　15.00 元
ISBN 7–5606–1618–6/TH

XDUP 1910001–11

高等职业教育机电工程类系列教材

编审专家委员会名单

主　　任： 李迈强

副 主 任： 唐建生　李贵山

机电组

组　　长：唐建生（兼）

成　　员：（按姓氏笔画排列）

王春林　王周让　王明哲　田　坤　宋文学
陈淑惠　张　勤　肖　珑　吴振亭　李　鲤
徐创文　殷　铖　傅维亚　巍公际

电气组

组　　长：李贵山（兼）

成　　员：（按姓氏笔画排列）

马应魁　卢庆林　冉　文　申凤琴　全卫强
张同怀　李益民　李　伟　杨柳春　汪宏武
柯志敏　赵虎利　戚新波　韩全立　解建军

项目策划： 马乐惠

策　　划：马武装　毛红兵　马晓娟

电子教案：马武装

前　言

“机械设计基础课程设计”不仅是机械设计基础课程的一个重要教学内容，而且也是整个教学过程中理论联系实际不可缺少的教学环节。它的目的是使学生运用所学的有关机械设计的理论和技能，以及各有关先修课程的知识进行一次较为全面而综合的设计练习。

为了使学生在课程设计中能够循序渐进地完成设计任务，从中学到与设计题目有关的较全面的设计知识，并通过设计实践进一步掌握所学的理论与技能，增强对设计的认识，给以后的设计工作打下牢固的基础，我们现以课程设计常采用的减速器设计为题编写了这本课程设计指导书。本书对课程设计从准备工作到编制计算说明书的全过程逐一作了具体、详尽的阐述，并按各设计阶段的要求作了明确的安排，同时附有必要的技术资料。

课程设计指导书为教学用书，供学生自学，故在内容上以满足教学要求为主。本书以适合高职高专学生特点而编写，力求做到设计步骤详细，对复杂的结构配以立体图，帮助学生顺利地完成课程设计。有关减速器的设计说明及技术资料，也仅以满足作课程设计的基本需要为限。为此，在进行课程设计时，除了必须学习指导书外，还应同时复习有关课程的内容，查阅设计手册，参考有关图册或图纸。

由于编者水平有限，错漏之处在所难免，敬请广大师生批评指正。

编　者

2005 年 11 月

目　　录

第 1 章　机械设计基础课程设计的目的、任务和方法

1.1　课程设计的目的和要求

1.1.1　课程设计的目的

机械设计基础课程教学要求中安排有机械零件课程设计，它是机械设计基础课程的最后一个重要教学环节，也是对学生进行的一次较全面的设计能力训练，其基本目的如下：

(1) 综合运用机械设计基础及其它有关先修课程(如机械制图、测量与公差配合、金属材料与热处理、工程力学等)的理论和生产实践知识进行机械设计训练，使理论和实践结合起来，进一步巩固、加深和拓展所学的知识。

(2) 学习和掌握机械设计的一般步骤与方法，培养设计能力和解决实际问题的能力。

(3) 进行基本技能的训练，对计算、制图、设计资料(如手册、图册、技术标准、规范等)的运用以及经验估算等机械设计方面的基本技能进行综合训练，以提高学生的技能水平。

1.1.2　课程设计的要求

机械设计基础课程设计的要求如下：

(1) 具有正确的工作态度。机械设计基础课程设计是学生第一次较全面的设计训练，它对学生今后的专业设计和从事技术工作都具有极其重要的意义，因此，要求学生必须积极认真、刻苦钻研、一丝不苟地进行设计，才能在设计思想、设计方法和技能诸方面得到锻炼与提高。

(2) 培养独立的工作能力。机械设计基础课程设计是在教师指导下由学生主动完成的。学生在设计中遇到问题，应随时复习有关教材、设计指导书，参阅设计资料，主动地去思考、分析，从而获得解决问题的方法，不要依赖性地、简单地向教师索取答案。这样，才能提高独立工作的能力。

(3) 树立严谨的工作作风。设计方案的确定、设计数据的处理应有依据，计算数据要准确，制图应正确且符合国家标准。反对盲目地、机械地抄袭资料和敷衍、草率的设计作风。

(4) 培养按计划工作的习惯。设计过程中，学生应遵守纪律，在规定的教室或设计教室里按预定计划保质保量地完成设计任务。

1.2 课程设计的任务和内容

1.2.1 课程设计的任务

课程设计的对象主要为单级直齿或斜齿圆柱齿轮减速器，如图 1-1 所示。部分学生也可以设计单级直齿圆锥齿轮减速器或蜗杆减速器。

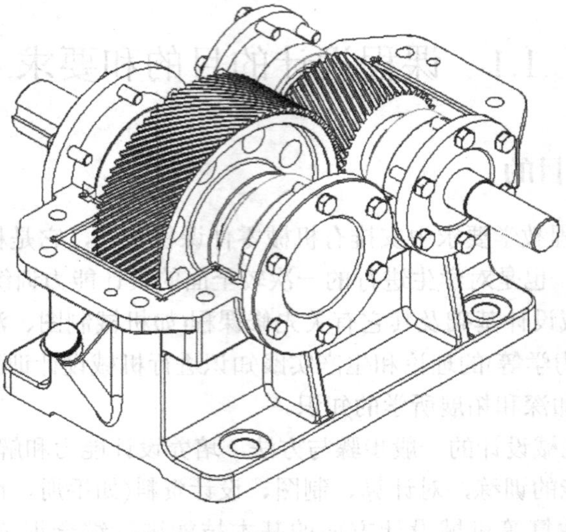

图 1-1

根据教学要求，课程设计的具体任务如下：

(1) 减速器装配图 1 张(1 号图纸，两个视图)，见图 5-6。

(2) 主要零件工作图 1～2 张(3 号图纸，从动轴、齿轮)，见图 6-3 和图 6-4。

(3) 设计计算说明书 1 份(16 开纸，20～30 页)，如图 1-2 所示。

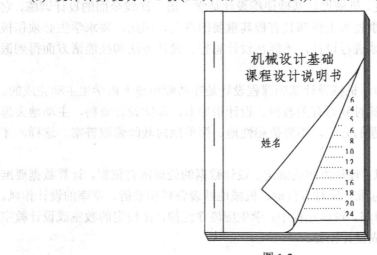

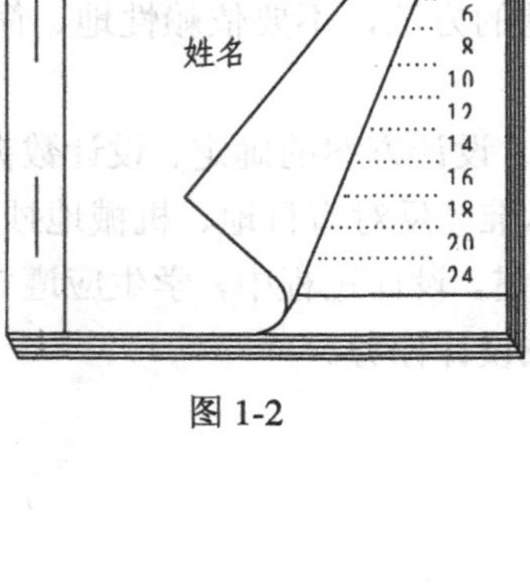

图 1-2

1.2.2 课程设计的内容

机械设计基础课程设计的内容主要包括计算部分、绘图部分和设计计算说明书的编写。

计算部分包括：

(1) 传动零件(齿轮)的设计计算；

(2) 轴的初步估算和结构设计及轴的危险截面的强度校核(只进行一根轴)；

(3) 轴承的选择与校核(只校核一根轴上的轴承)；

(4) 键的选择与校核(只校核一根轴上的键)；

(5) 联轴器的选择与校核。

绘图部分包括：

(1) 减速器装配草图设计；

(2) 减速器装配图设计；

(3) 主要零件工作图设计。

1.3 课程设计的方法和步骤

机械设计基础课程设计作为“机械设计基础”课程的一个重要环节，各学校在教学计划中安排有设计专用周(一般为 1～2 周)。为了增加同学们对减速器的感性认识，设计前可组织同学们观看减速器录像片和进行减速器的装拆实验(或示范)，以及阅读减速器的有关资料、设计指导书等，使同学们在设计前具有充分的准备，避免设计时行动迟缓或走弯路。为了确保学生设计不发生大返工的现象，对传动件的计算、草图绘制等主要阶段应由指导教师审查后，才可继续进行。

机械设计基础课程设计全部完成后，需经教师审阅并进行答辩或验收。课程设计的成绩则根据图纸、说明书、设计过程中和答辩(验收)时所反映出的设计质量和能力综合评定。

当设计专用周时间较短时，为了使学生有足够的分析、构思、绘图设计时间，可将部分活动(如设计计算内容、观看录像、减速器的装拆等)安排在设计专用周之前完成。

机械设计基础课程设计大体可按下列几个阶段进行，见表 1-1。

表 1-1　课程设计阶段、内容、时间分配表

阶　段	主 要 内 容	时间 (两周)	提　示
1. 准备阶段	(1) 阅读、研究任务书；明确设计内容和要求。 (2) 观看减速器录像和进行减速器的装拆实验。 (3) 阅读教材和课程设计指导书。 (4) 准备好绘图工具、资料和手册等	两天	—
2. 传动件(齿轮)的设计计算，轴的初步设计计算，轴承型号的初选	(1) 设计计算齿轮传动。 (2) 初步设计计算各轴的轴端直径。 (3) 初步选择滚动轴承的型号	一天半	详见教科书

续表

阶　段	主　要　内　容	时间(两周)	提　示
3. 减速器装配草图的设计和绘制	(1) 分析并选定减速器的结构方案。 (2) 设计计算箱体结构的主要尺寸。 (3) 设计和绘制装配草图(包括设计轴、轴上零件和轴承部件的结构尺寸，校核轴的强度，计算滚动轴承的寿命，选择与校核键和联轴器)	三天至四天	详见本书及教科书
4. 减速器装配图的设计和绘制	(1) 绘制装配图。 (2) 标注尺寸及配合。 (3) 编写减速器的特性数据表、技术要求、标题栏和明细表等	两天	详见本书及制图标准
5. 零件工作图的设计和绘制	(1) 绘制轴工作图。 (2) 绘制齿轮工作图	一天至一天半	详见本书及制图标准
6. 编写设计计算说明书	整理和编写设计计算说明书	一天半	详见本书
7. 答辩或验收	由指导教师酌情个别进行	可在设计专用周后进行	—

第 2 章　减速器的结构与设计

减速器是一种由封闭在刚性壳体内的齿轮传动、蜗杆传动、齿轮–蜗杆传动所组成的独立部件，常用作原动机与工作机之间的减速传动装置。

减速器有齿轮减速器、蜗杆减速器及行星减速器等各种类型。齿轮减速器又分为圆柱齿轮减速器和圆锥齿轮减速器。从减速级数区分，减速器还分为单级传动与多级传动。

一般高职高专类学校机械设计基础课程设计常以单级圆柱齿轮减速器作为主要对象，因此，本章主要介绍这类减速器的结构和设计。

2.1　减速器的结构

单级圆柱齿轮减速器按其轴线在空间相对位置的不同可分为卧式减速器(见图 2-1(a))和立式减速器(见图 2-1(b))。一般使用较多的是卧式减速器，故主要介绍卧式减速器。

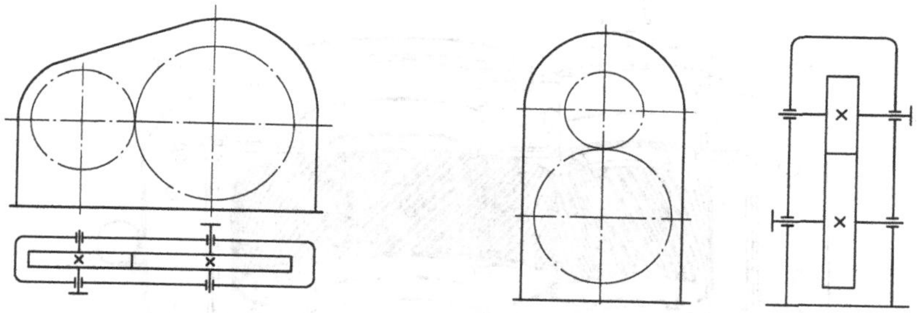

(a)　　(b)

图 2-1

图 2-2 所示为单级圆柱齿轮减速器的结构图。

减速器一般由箱体、齿轮、轴、轴承和附件组成。箱体由箱盖与箱座组成。箱体是安置齿轮、轴及轴承等零件的机座，并存放润滑油。箱体常采用剖分式结构(剖分面通过轴的中心线)，这样，轴及轴上的零件可预先在箱体外组装好再装入箱体，拆卸方便。箱盖与箱座通过一组螺栓联接，并通过两个定位销钉确定其相对位置。为保证座孔与轴承的配合要求，剖分面之间不允许放置垫片，但可以涂上一层密封胶，以防箱体内的润滑油渗出。为了拆卸时易于将箱盖与箱座分开，可在箱盖的凸缘的两端各设置一个起盖螺钉，拧入起盖螺钉，可顺利地顶开箱盖。箱体内可存放润滑油，用来润滑齿轮，如同时润滑滚动轴承，在箱座的接合面上应开出油沟，利用齿轮飞溅起来的油顺着箱盖的侧壁流入油沟，再由油沟通过轴承盖的缺口流入轴承(见图 2-3)。减速器箱体上的轴承座孔与轴承盖用来支承和固定轴承，从而固定轴及轴上零件相对箱体的轴向位置。轴承盖与箱体孔的端面间垫有调整垫片，以调整轴承的游动间隙，保证轴承正常工作。为防止润滑油渗出，在轴的外伸端的轴承盖的孔壁中装有密封圈。

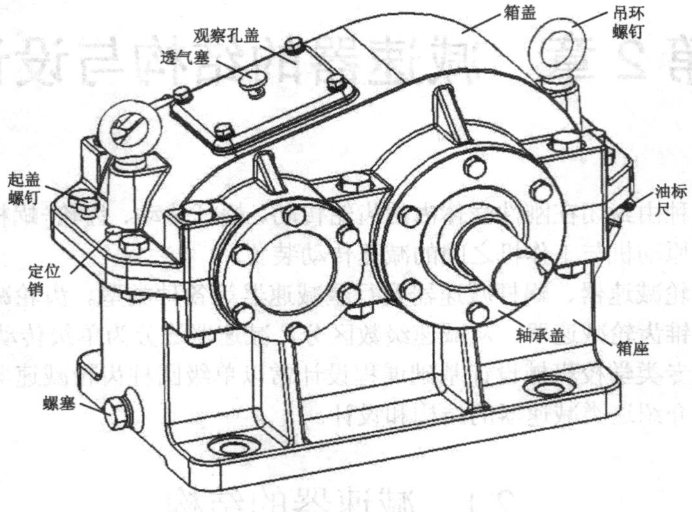

图 2-2

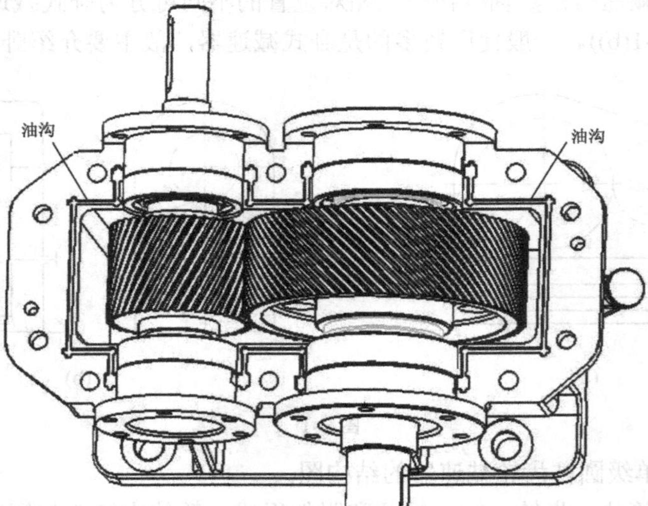

图 2-3

减速器箱体上根据不同的需要装置各种不同用途的附件。为了观察箱体内的齿轮啮合情况和注入润滑油，在箱盖顶部设有观察孔，平时用盖板封住。在观察孔盖板上常常安装透气塞(也可直接装在箱盖上)，其作用是沟通减速器内外的气流，及时将箱体内因温度升高受热膨胀的气体排出，以防止高压气体破坏各接合面的密封，造成漏油。为了排除污油和清洗减速器的内腔，在减速器箱座底部装置上放有螺塞。箱体内部的润滑油面的高度是通过安装在箱座壁上的油标尺来观测的。为了吊起箱盖，一般装有一到两个吊环螺钉。不应用吊环螺钉吊运整台减速器，以免损坏箱盖与箱座之间的联接精度。吊运整台减速器可在箱座两侧设置吊钩。

减速器的箱体是采用地脚螺栓固定在机架或地基上的。

2.2 减速器的箱体结构及设计

2.2.1 减速器的箱体结构概述

图 2-4 所示为单级圆柱齿轮卧式减速器的典型箱体结构。

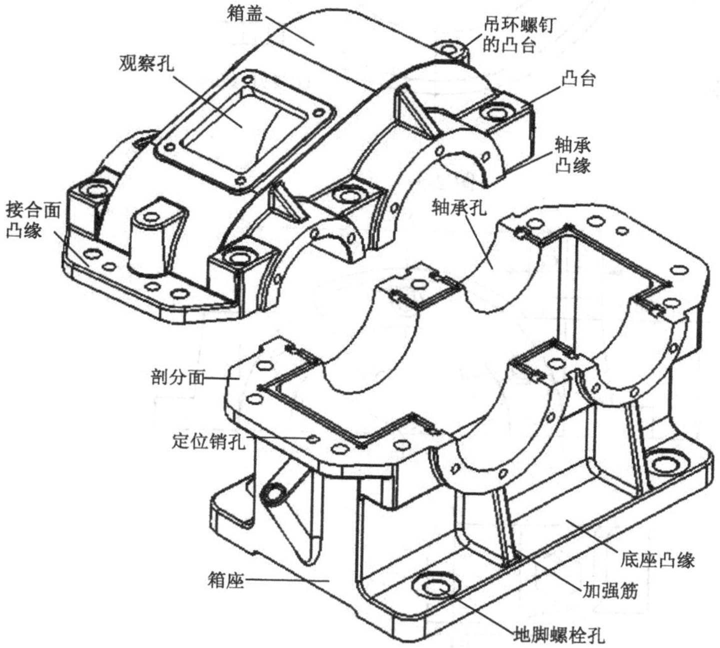

图 2-4

单级圆柱齿轮减速器的箱体广泛采用剖分式结构。卧式减速器一般只有一个剖分面，即沿轴线平面剖开，分为箱盖和箱座两部分。

箱体一般用灰铸铁制造。

2.2.2 箱体结构的设计要点

减速器的箱体是支持和固定轴及轴上零件并保证传动精度的重要零件，其重量一般约占减速器总重量的 40%～50%，因此，箱体结构对减速器的性能、制造工艺、材料消耗、重量和成本等影响很大，设计时务必综合考虑，认真对待。

减速器箱体的设计要点如下：

(1) 箱体应具有足够的刚度。

① 轴承座上下设置加强筋(见图 2-4)。

② 轴承座旁设计凸台结构(见图 2-4 和图 2-5)。凸台的设置可使轴承座旁的联接螺栓靠近座孔，以提高联接的刚性。

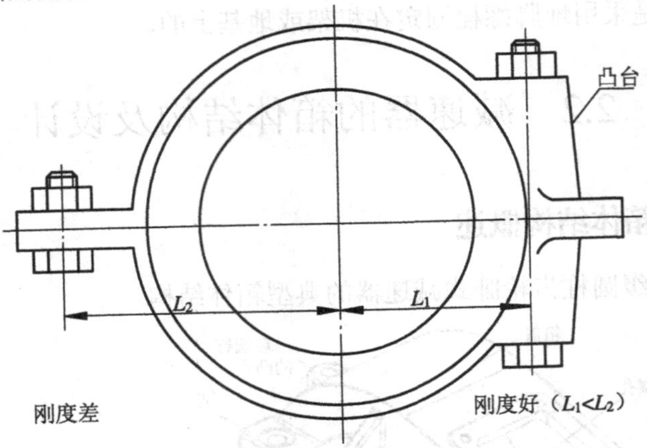

图 2-5

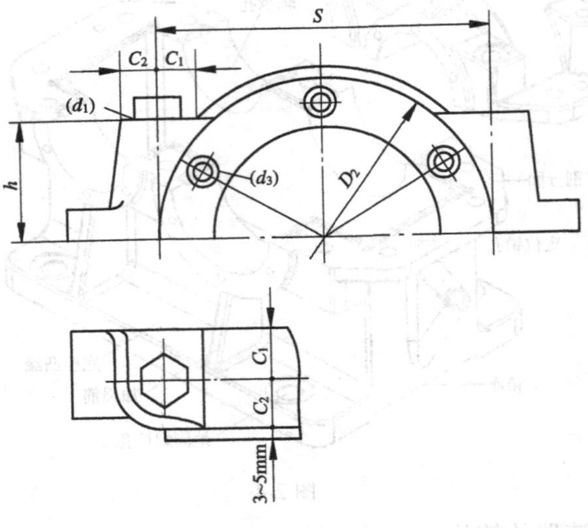

图 2-6

设计凸台结构要注意下列几个问题：

- 轴承座旁两凸台螺栓距离 S 应尽可能靠近，如图 2-6 所示。对于无油沟箱体(轴承采用脂润滑)，取 $S<D_2$，应注意凸台联接螺栓(d_1)与轴承盖联接螺钉(d_3)不要互相干涉；对于有油沟箱体(轴承采用油润滑)，取 $S\approx D_2$，应注意凸台螺栓孔(d_1)不要与油沟相通，以免漏油。D_2 为轴承座凸缘的外径。
- 凸台高度 h 的确定应以保证足够的螺母扳手空间为准则。扳手空间根据螺栓直径的大小由尺寸 C_1 和 C_2 确定(见表 2-3)。
- 凸台沿轴向的宽度同样取决于不同螺栓直径所确定的 C_1+C_2 之值，以保证足够的扳手空间；但还应小于轴承座凸缘宽度 3～5 mm，以便于凸缘端面的加工。

③ 箱座的内壁应设计在底部凸缘之内，如图 2-7(a)所示。

④ 地脚螺栓孔应开在箱座底部凸缘与地基接触的部位，不能悬空，如图 2-7(b)所示。

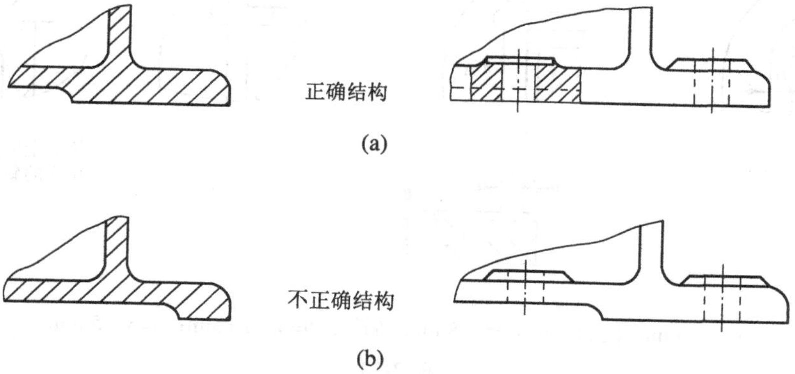

图 2-7

⑤ 箱座是受力的重要零件，应保证足够的箱座壁厚，且箱座凸缘厚度可稍大于箱盖凸缘厚度。

(2) 确保箱体接合面的密封、定位和内部传动零件的润滑。

为保证箱体轴承座孔的加工和装配的准确性，在接合面的凸缘上必须设置两个定位用的圆锥销。定位销 $d=(0.7\sim0.8)d_2$(d_2 为凸缘联接螺栓直径)，两锥销距离应远一些，一般宜放在对角位置。对于结构对称的箱体，定位销不宜对称布置，以免箱盖盖错方向。

为保证箱盖、箱座的接合面之间的密封性，接合面凸缘联接螺栓的间距不宜过大，一般不大于 150～180 mm，并尽量对称布置。

如果滚动轴承靠齿轮飞溅的润滑油润滑时，则箱座凸缘上应开设集油沟。集油沟要保证润滑油流入轴承座孔内，再经过轴承内外圈间的空隙流回箱座内部，而不应有漏油现象发生，如图 2-8 所示，此时，轴承盖的结构如图 2-9 所示。

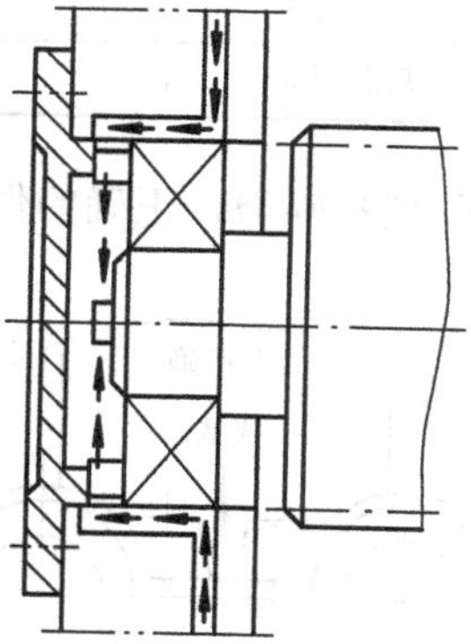

图 2-8

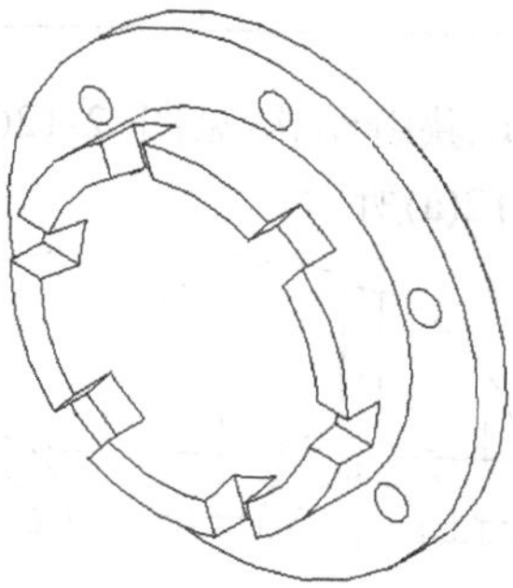

图 2-9

油沟的制造方法和尺寸见图 2-10。

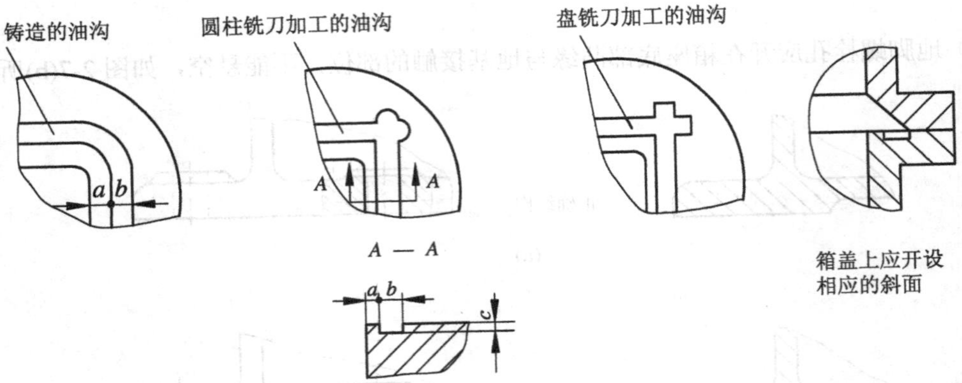

a=3～5 mm(机加工)；a=5～8 mm(铸造)；b=6～10 mm；c=3～5 mm

图 2-10

(3) 箱体结构应具有良好的工艺性。

① 铸造工艺性的要求：箱壁不宜太薄，壁厚 $\delta_{min} \geqslant 8$ mm，以免浇铸时铁水流动困难，出现充不满型腔的现象。

壁厚应均匀和防止金属积聚，避免产生如图 2-11 所示的缩孔、裂纹等缺陷。

当箱壁的厚度变化较大时，应采用平缓过渡的结构，如表 2-1 所示。

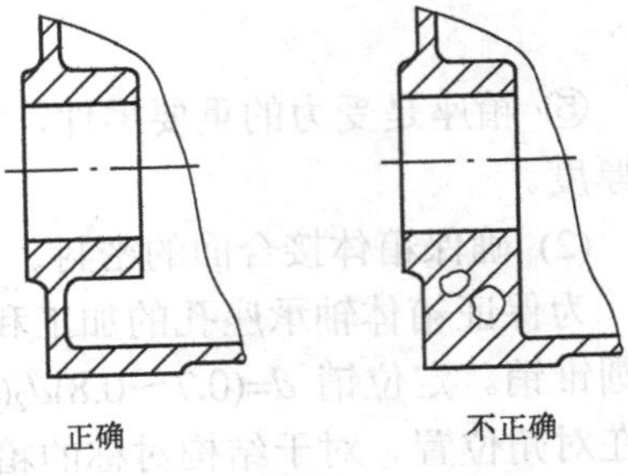

图 2-11

表 2-1　铸件过渡斜度(Q/ZB155—73)

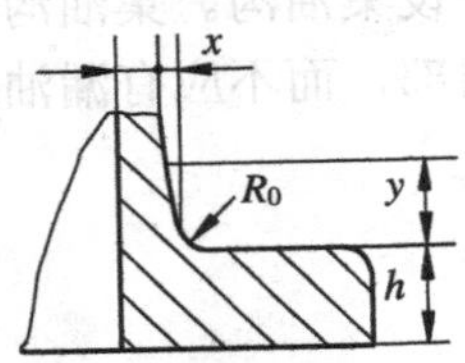

壁厚 h/mm	x/mm	y/mm	R_0/mm
10～15	3	15	5
＞15～20	4	20	5
＞20～25	5	25	5
当 $h<2\delta$ 时，无需过渡			

避免出现狭缝结构(见图 2-12(b))，因为这种结构的砂型易碎裂，正确的做法应连成整体，如图 2-12(a)所示。

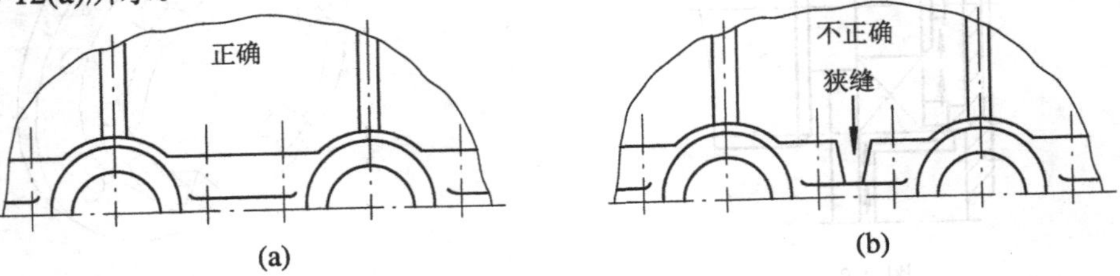

图 2-12

箱壁沿拔模方向应有 1:10～1:20 的拔模斜度。

② 机械加工工艺性的要求：轴承座孔应为通孔，最好两端孔径一样，以利于加工。两

端轴承外径不同时，可以在座孔中安装衬套，使支座孔径相同。利用衬套的厚度不等，形成不同的孔径以满足两端轴承不同外径的配合要求。

同一侧的各种加工端面应尽可能一样平齐，以便于一次调整刀具进行加工。

加工表面与非加工表面必须严格区分，并尽量减少加工面积。因此，轴承座的外端面、观察孔、透气塞、吊环螺钉、油标尺和油塞以及凸缘连接螺栓孔等处均应制出凸台(凸出非加工面 3～5 mm)，以便加工。图 2-13 所示为轴承座凸缘的外端面与凸台之间的结构。

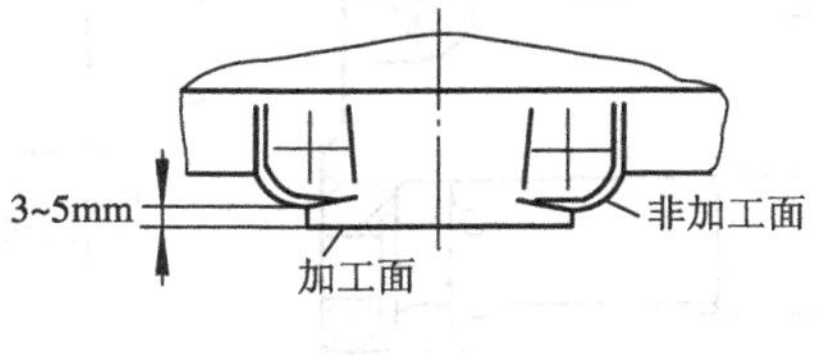

图 2-13

支承螺栓头和螺母的支承面也可以通过锪鱼眼坑的方法加工局部平面。图 2-14 表示鱼眼坑的加工方法，图(c)和图(d)是刀具不能从下方接近时的加工方法。

箱座底部应采用挖空或开槽的结构。图 2-15 所示的箱底结构中，图(a)的结构不合理，难于支承平稳，加工面积又大，很不经济。

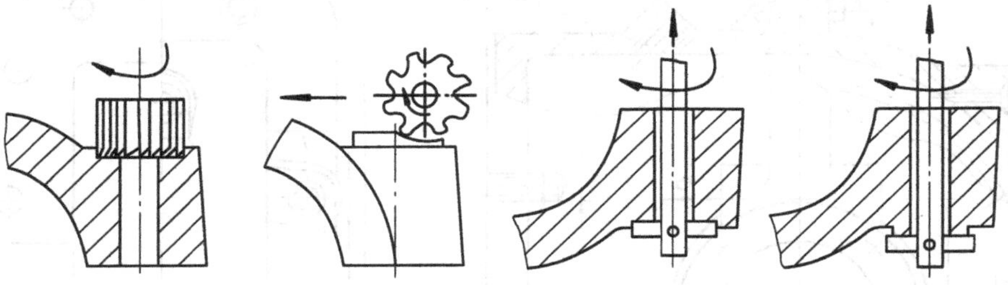

(a) (b) (c) (d)

图 2-14

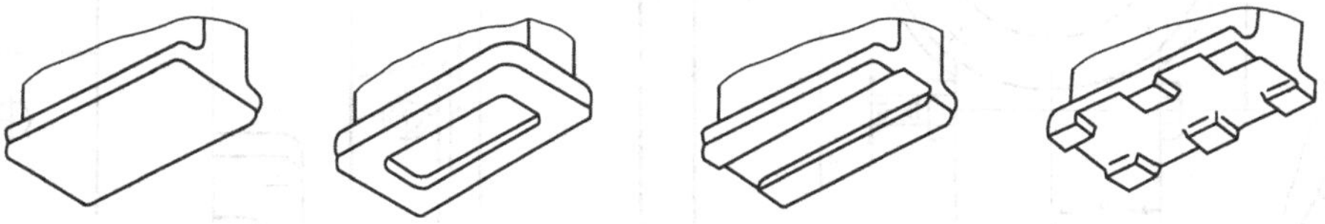

(a) (b) (c) (d)

图 2-15

2.2.3 箱体结构尺寸的确定

减速器箱体的结构复杂，形状不一，无统一标准，而且受力情况也复杂，因此难以按强度理论进行设计，通常是按经验数据并结合上述结构设计要点确定其结构和尺寸。

图 2-16 所示为单级圆柱齿轮减速器的结构尺寸，图中所示的尺寸可按表 2-2 和表 2-3 的经验公式计算。

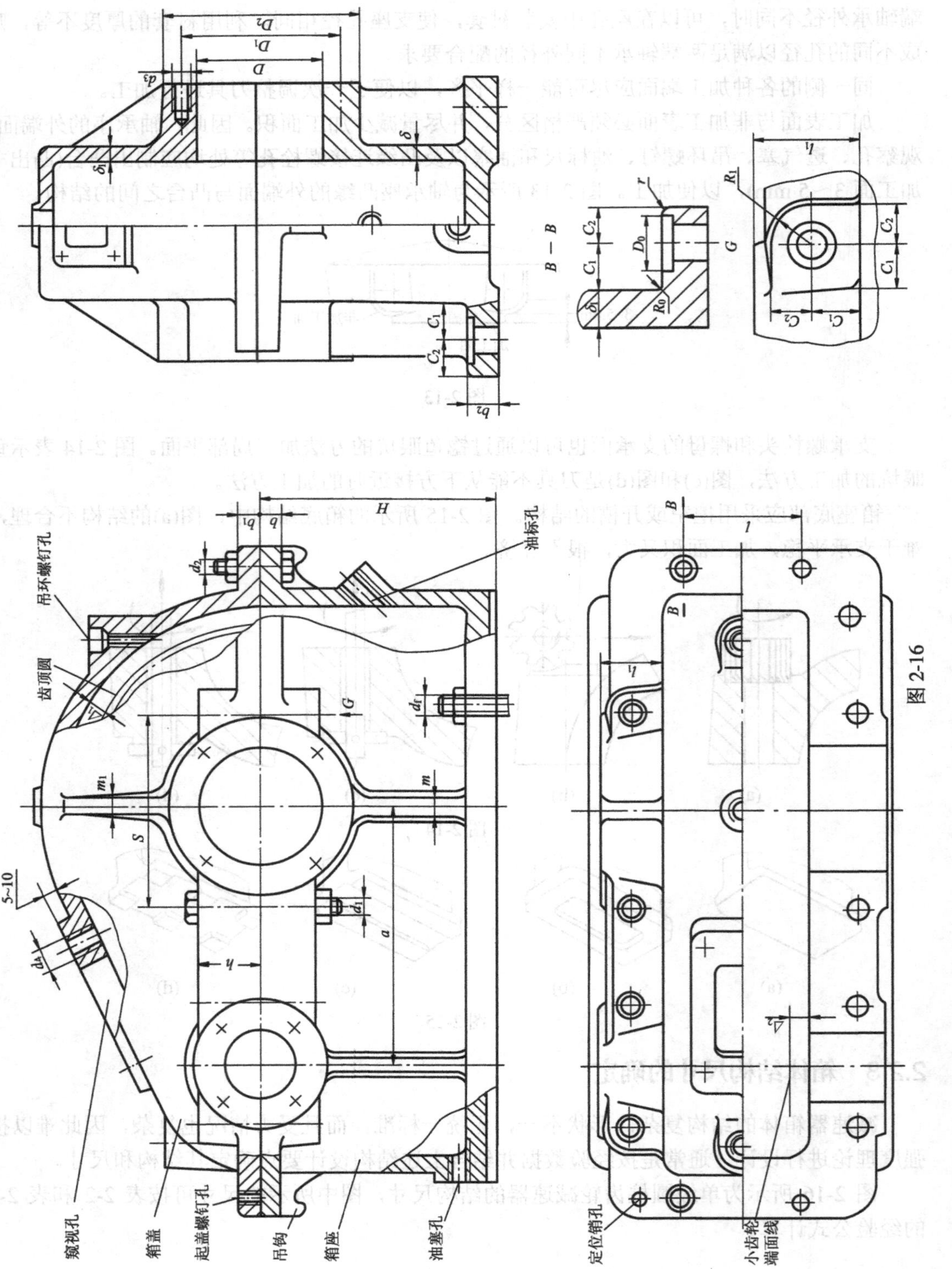

图 2-16

表 2-2　铸铁减速器箱体的结构尺寸(见图 2-16)

尺 寸 名 称	符 号	尺 寸 关 系	备注
箱座壁厚	δ	$0.025a+1\geqslant 8$ mm	不得小于 8
箱盖壁厚	δ_1	$0.8\delta\geqslant 8$ mm	不得小于 8
箱盖凸缘厚度	b_1	$1.5\delta_1$	
箱座凸缘厚度	b	1.5δ	
箱座底凸缘厚度	b_2	2.5δ	
地脚螺栓直径	d_f	$0.036a+12$	
地脚螺栓数目	n	$a\leqslant 250$ 时，$n=4$；$a>250\sim500$ 时，$n=6$	
轴承旁联接螺栓直径	d_1	$0.75d_f$	
箱座、箱盖凸缘联接螺栓直径	d_2	$(0.5\sim0.6)d_f$	
箱座、箱盖联接螺栓间距	l	$150\sim200$	
轴承座两旁联接螺栓间距	S	有油沟时，$S\approx D_2$；无油沟时，$S<D_2$	见图 2-6
箱体凸台和凸缘的结构尺寸	C_1、C_2、D_0、R_0、r	见表 2-3	
凸台高度	h	以保证扳手空间，满足 C_1、C_2 尺寸为准	见图 2-6
轴承盖固定螺钉直径	d_3	见表 2-8	

表 2-3　箱体凸台和凸缘的结构尺寸

mm

螺栓直径	M6	M8	M10	M12	M14	M16	M18	M20	M22	M24	M27	M30
C_{1min}	12	14	16	18	20	22	24	26	30	34	38	40
C_{2min}	10	12	14	16	18	20	22	24	26	28	32	35
D_0	13	18	22	26	30	33	36	40	43	48	53	61
R_{0max}	5					8				10		
r_{min}	3						5			8		

2.3　减速器轴及轴上零件的结构设计

2.3.1　轴的结构设计

轴的结构设计包括定出轴的合理外形和全部结构尺寸。

轴的结构主要取决于以下因素：轴在机器中的安装位置及形式；轴上零件的类型、尺寸、数量以及和轴联接的方法；载荷的性质、大小、方向及分布情况；轴的加工工艺等。由于影响轴结构的因素较多，且其结构形式又要随着具体情况的不同而异，因此轴没有标准的结构形式。设计时，必须针对不同情况进行具体分析。但是，不论何种具体条件，轴的结构都应满足：轴和装在轴上的零件要有准确的位置；轴上零件应便于装拆和调整；轴应具有良好的制造工艺性等。

单级圆柱齿轮减速器的轴一般均为阶梯轴，确定阶梯轴各段的直径和长度是阶梯轴设计的主要内容。下面通过图 2-17 和表 2-4、表 2-5 来说明。

1. 阶梯轴各段直径的确定

图 2-17 中阶梯轴各段直径可由表 2-4 确定。

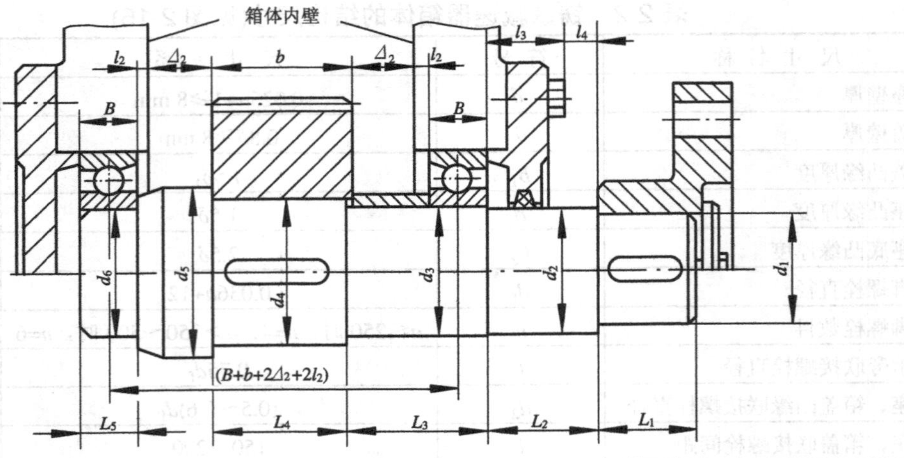

图 2-17

表 2-4　阶梯轴各段直径的确定

符　号	确 定 方 法 及 说 明
d_1	按许用扭转应力进行估算，尽可能圆整为标准直径。如果选用标准联轴器，d_1 应符合联轴器标准的孔径
d_2	$d_2= d_1+2a$，a 为定位轴肩高度，通常取 a=3～10 mm。d_2 应尽可能符合密封件标准孔径的要求，以便采用标准密封圈(封油毡圈标准见表 2-13)
d_3	此段安装轴承，故 d_3 必须符合滚动轴承的内径系列，为便于轴承安装，此段轴径与 d_2 段形成自由轴肩，因此，$d_3= d_2$+1～5 mm，然后圆整到轴承的内径系列。当此轴段较长时，可改设计为两个阶梯段，一段与轴承配合，精度较高，一段与套筒配合，精度较低
d_4	$d_4= d_3$+1～5 mm(自由轴肩)，d_4 与齿轮孔配合，尽可能圆整为标准直径
d_5	$d_5= d_4+2a$，a 为定位轴肩高度，通常取 a=3～10 mm
d_6	$d_6= d_3$，因为同一轴上的滚动轴承最好选取同一型号

2. 阶梯轴各段长度的确定

图 2-17 中各阶梯长度可由表 2-5 确定。

表 2-5　阶梯轴各段长度的确定

符 号	确 定 方 法 及 说 明
L_1	按轴上零件的轮毂宽度决定，一般比轮毂宽短 2～3 mm。也可按(1.2～1.5)d_1 决定
L_2	$L_2= l_3+ l_4$，l_3 为轴承端盖及联接螺栓头的高度
L_3	$L_3=B +l_2+ \varDelta_2$+(2～3)，B 为轴承宽度
L_4	L_4 由齿轮宽度 b 确定，$L_4=b-$(2～3) mm
L_5	无挡油环时，$L_5=B$；有挡油环时，$L_5= B$+挡油环的毂宽

注：表中 l_2、l_3、l_4、$\varDelta_2$ 的尺寸关系参见表 2-6。

由表 2-5 中的计算式可知，各段长度的确定，与箱外的旋转零件至固定零件的距离 l_4，轴承端盖及联接螺栓头高度的总尺寸 l_3，轴承端面至箱体内壁的距离 l_2，转动零件端面至箱体内壁的距离 $\varDelta_2$ 以及挡油环的结构尺寸有关。这些尺寸又取决于轴承盖的类型、密封形式以及各零件在装配图中的相关位置。因此，阶梯轴各段的长度应在装配草图设计过程中边绘制边计算确定。尤其值得注意的是，当各零件相对位置确定以后，支承点的跨距即可确定，这时就可以计算支承反力，对轴的危险截面进行复合强度校核以及轴承寿命计算等。当轴的强度不合格或轴承寿命不符合要求时，就要重新选择轴承和调整结构。当然，轴的各阶梯段直径和长度也相应发生变化。由上述可知，轴的结构设计应该在装配草图设计过程中，以“边绘图，边计算，边修改”的方式逐步完成。

表 2-6 为单级圆柱齿轮减速器的位置尺寸关系。

表 2-6　单级圆柱齿轮减速器的位置尺寸

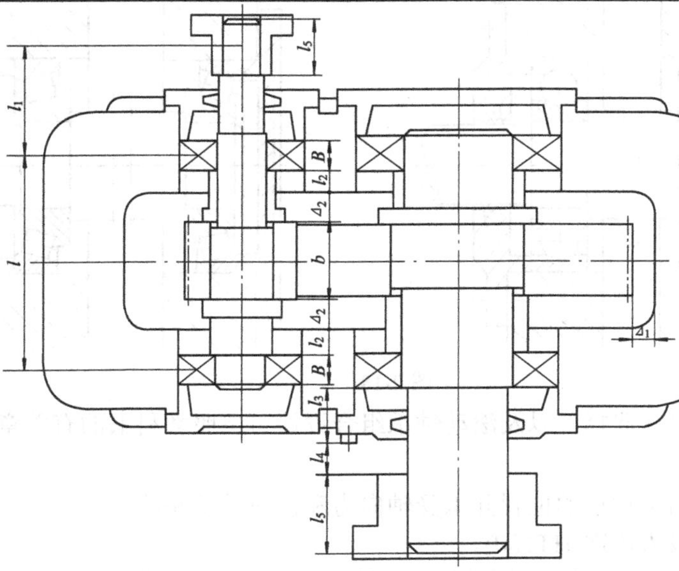

符号	名　　称	尺 寸 关 系
$\varDelta_2$	转动零件端面至箱体内壁的距离	$\varDelta_2$=10～15 mm，对于重型减速器应取大些
b	小齿轮的宽度	由齿轮结构设计而定
B	轴承宽度	根据轴颈直径可按中系列预选
$\varDelta_1$	齿顶圆与减速器内壁之间的最小间隙	$\varDelta_1 \geqslant 1.2\boldsymbol{\delta}$，$\boldsymbol{\delta}$ 为箱座壁厚
l	轴承支点的跨距	由草图设计决定
l_1	箱外零件至轴承支点的计算距离	$l_1 = \dfrac{B}{2} + l_3 + l_4 + \dfrac{l_5}{2}$
l_2	轴承端面至箱体内壁的距离	轴承用油润滑时，l_2=5～10 mm；轴承用脂润滑且有挡油环时，l_2=10～15 mm
l_3	轴承端盖及联接螺栓头高度	根据轴承端盖结构形式确定
l_4	箱外转动零件至固定零件的距离	l_4=15～20 mm
l_5	箱外零件与轴的配合长度	l_5=(1.2～1.5)d，d 为配合轴径

2.3.2　齿轮的结构设计

中小型减速器的齿轮一般用锻钢制造。当齿轮的齿顶圆直径 $d_a \leqslant 200$ mm 时，可以做成圆盘式结构。当齿轮的齿根圆与键槽底部的距离小于 $2m$(m 为模数)时，则齿轮与轴应做成一体的齿轮轴。当 d_a=200～500 mm 时，可以做成腹板式结构。

齿轮的结构设计可参照教科书的有关章节。

2.3.3 支承部件的结构

单级圆柱齿轮减速器轴的支承一般采用滚动轴承，如图 2-18 所示。

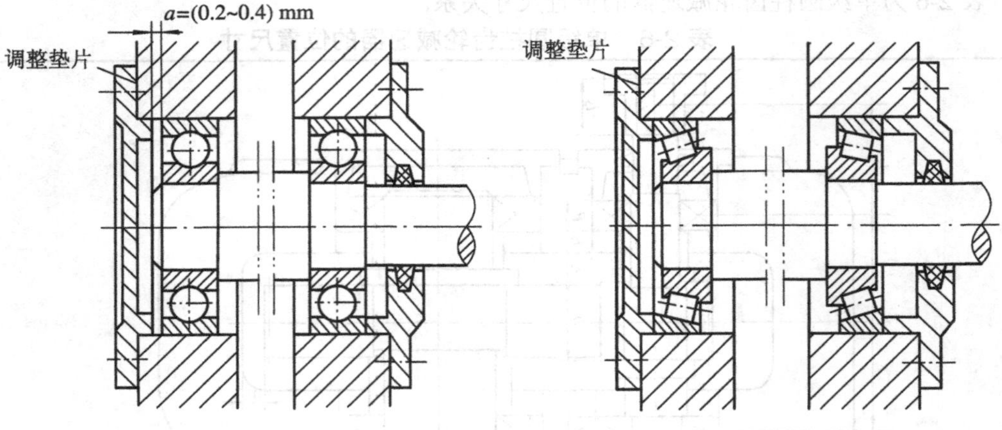

图 2-18

滚动轴承类型与尺寸选择，以及滚动轴承组合设计可参照教科书的有关章节。

1. 轴承盖

轴承盖的作用是固定轴承的位置并承受轴向力和密封轴承座孔。

轴承盖的材料一般为铸铁(HT150)。

轴承盖的结构形式分为凸缘式(用螺钉将盖固定在箱体上，见图 2-19(a))和嵌入式(用盖的圆周凸缘嵌入轴承座孔的槽内固定，见图 2-19(b))。每种结构又可分为闷盖(中间无孔)和透盖(中间有孔，用于轴外伸端的轴承座上)两种形式。

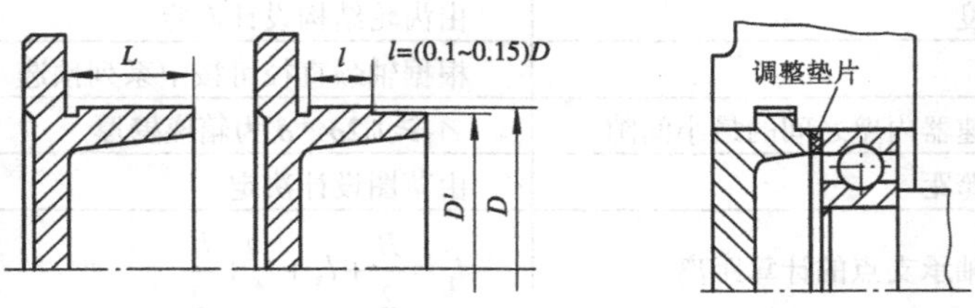

图 2-19

凸缘式轴承端盖的密封性能好，调整轴承间隙方便，因此使用较多。当端盖较宽时，为减少加工量，可对端部进行加工，使其直径 $D'<D$，但端盖与箱体的配合段必须保留有足够的长度 l，否则拧紧螺钉时容易使端盖歪斜，一般取 l=(0.1～0.15)D，如图 2-19 所示。

嵌入式轴承端盖结构简单、密封性能差(一般在端盖与机体间放置 O 型密封圈，如图 2-20(a)所示)，调整间隙不方便，只适用于深沟球轴承(不用调整间隙)。如用于角接触轴承时，应增加调整螺钉，如图 2-20(b)所示。

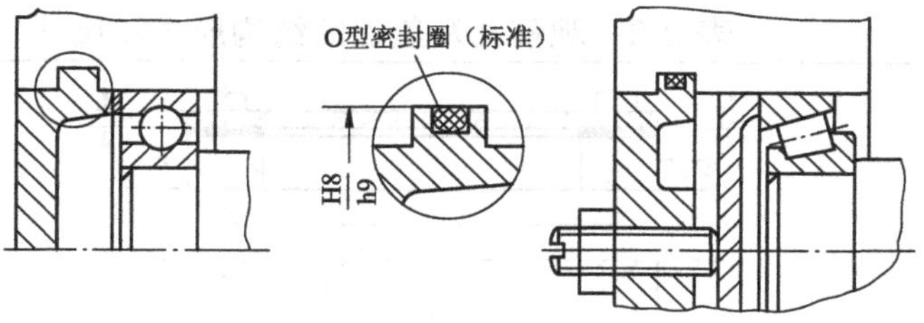

(a) (b)

图 2-20

轴承端盖的结构形式和尺寸见表 2-7。

表 2-7 轴承端盖的结构形式和尺寸

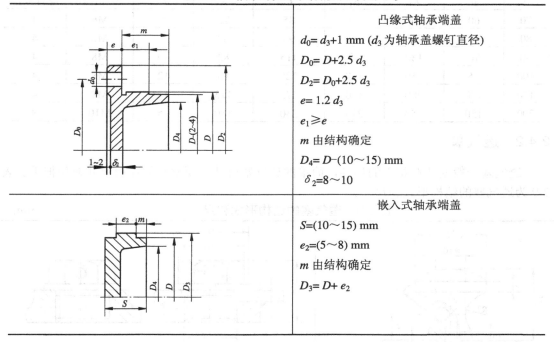

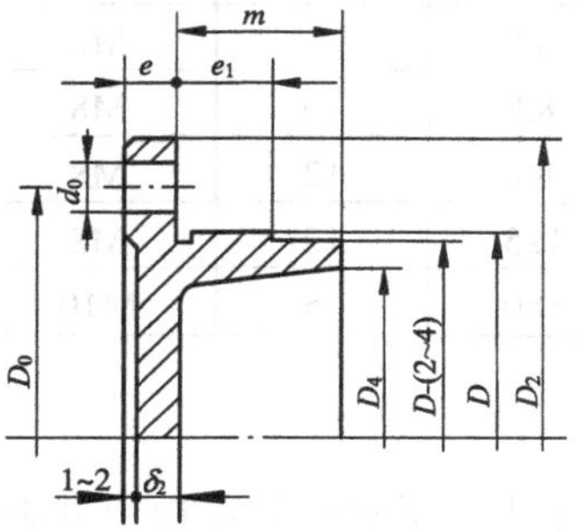	凸缘式轴承端盖 $d_0=d_3+1$ mm (d_3 为轴承盖螺钉直径) $D_0=D+2.5\ d_3$ $D_2=D_0+2.5\ d_3$ $e=1.2\ d_3$ $e_1 \geqslant e$ m 由结构确定 $D_4=D-(10\sim15)$ mm $\delta_2=8\sim10$
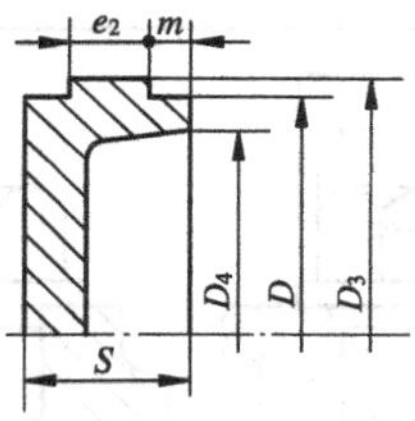	嵌入式轴承端盖 $S=(10\sim15)$ mm $e_2=(5\sim8)$ mm m 由结构确定 $D_3=D+e_2$

2. 调整垫片组

调整垫片的作用是调整轴承的轴向游隙以及轴的轴向位置。

调整垫片组由多片厚度不同的垫片组成。调整时，根据需要组合成不同的厚度。

2.4 减速器附件的结构设计

2.4.1 观察孔及盖板

观察孔应开在箱盖顶部，便于检查，观察轮齿的啮合情况。箱体内润滑油也由观察孔注入，因此，孔口尺寸应足够大。观察孔平时用盖板封住。盖板常用钢板、铸铁或有机玻璃制成。为防止渗油，盖板应垫有纸质封油垫片。

中、小型减速器的观察孔及盖板的结构形式和尺寸见表 2-8。

表 2-8　观察孔及盖板的结构形式和尺寸　mm

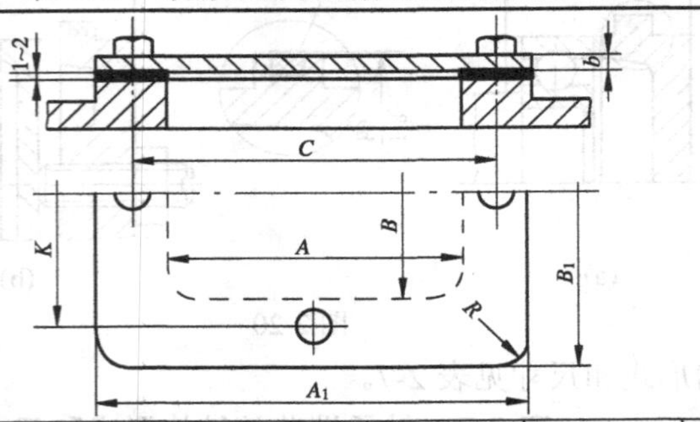

A	B	A_1	B_1	C	K	R	螺钉直径	螺钉数目
70	60	100	85	85	72	5	M6	4
80	70	110	95	95	82	5	M6	4
90	70	130	95	115	82	10	M8	4
100	75	150	100	125	85	12	M8	4
150	100	200	150	175	125	12	M8	4
200	150	250	210	230	180	15	M10	8

2.4.2　透气塞

透气塞一般安装在箱盖的顶部，简单的透气塞可装在观察孔的盖板上并兼作把手。表 2-9 为透气塞的结构形式和尺寸。

表 2-9　透气塞的结构形式和尺寸　mm

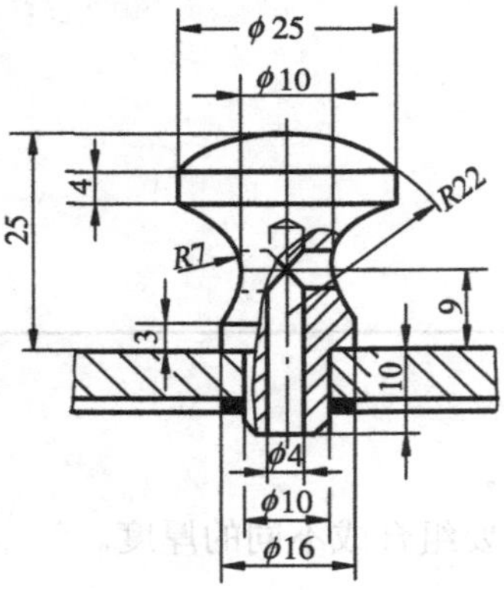

焊在观察孔盖上并兼作把手的透气塞

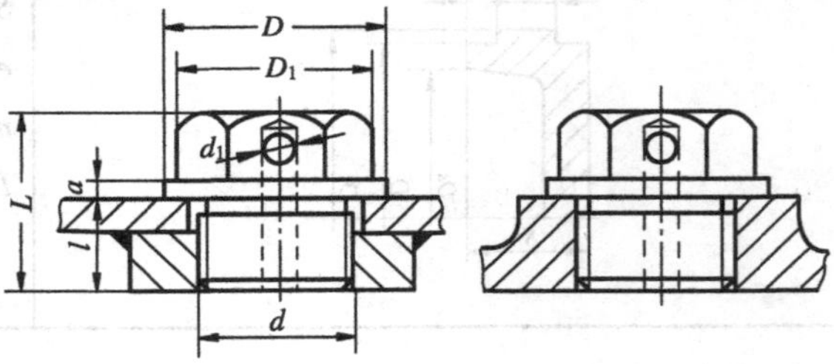

S 为螺母扳手宽度

d	D	D_1	S	L	l	a	d_1
M10×1	13	11.5	10	16	8	2	3
M12×1.25	18	16.5	14	19	10	2	4
M16×1.5	22	19.5	17	23	12	2	5
M20×1.5	30	25.4	22	28	15	4	6
M22×1.5	32	25.4	22	29	15	4	7
M27×1.5	38	31.2	27	34	18	4	8
M30×2	42	36.9	32	36	18	4	8
M33×2	45	36.9	32	38	20	4	8
M36×3	50	41.6	36	46	25	5	8

2.4.3 油标

油标的作用是观测箱体内润滑油的油面高度，应设置在便于检查及油面较稳定之处(如低速轴传动件附近)。

常用的油标有圆形油标、长形油标、管状油标和杆式油标等，一般多用带有螺纹的杆式油标，如表 2-10 所示。采用杆式油标时，应使箱座油标座孔的倾斜位置便于加工和使用。油标安置的部位不能太低，以防油进入油标座孔而溢出。

表 2-10 杆式油标的结构形式和尺寸　　mm

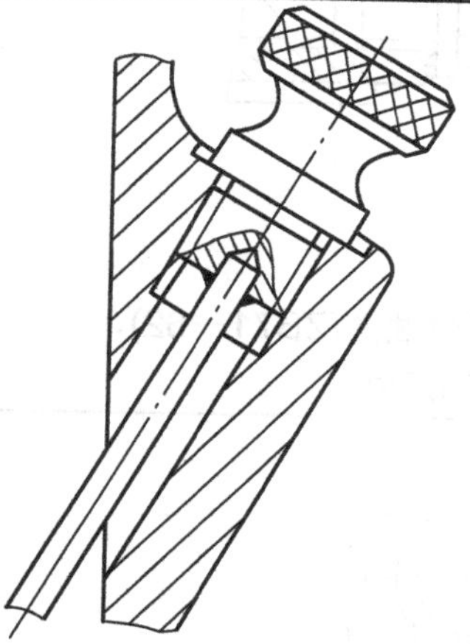

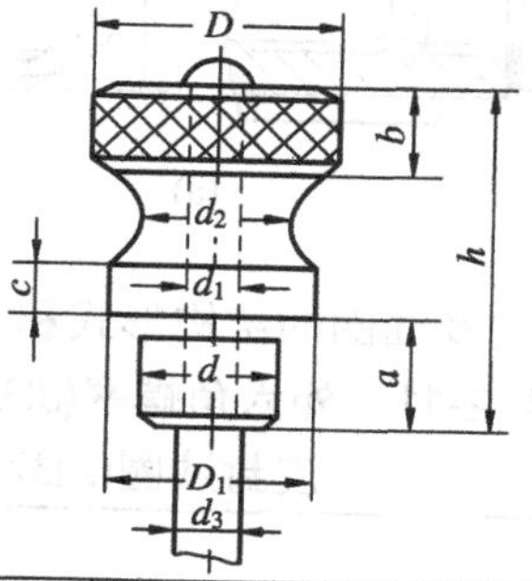

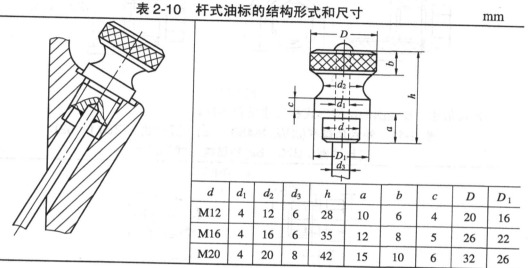

d	d_1	d_2	d_3	h	a	b	c	D	D_1
M12	4	12	6	28	10	6	4	20	16
M16	4	16	6	35	12	8	5	26	22
M20	4	20	8	42	15	10	6	32	26

2.4.4 起盖螺钉

起盖螺钉(见图 2-21)上的螺纹长度要大于箱盖联接凸缘的厚度，钉杆端部要做成圆柱形，加工成大倒角或半圆形，以免顶坏螺纹。

2.4.5 定位销

为了保证剖分面箱体轴承座孔的加工与装配精度，在箱体联接凸缘的长度方向两端各设一个圆锥定位销(见图 2-22)。两销间的距离尽量远些，以提高定位精度。

定位销的直径一般取 $d=(0.7\sim0.8)d_2$，d_2 为箱体联接螺栓的直径，其长度大于箱盖和箱座联接凸缘的总厚度，以利于装拆。

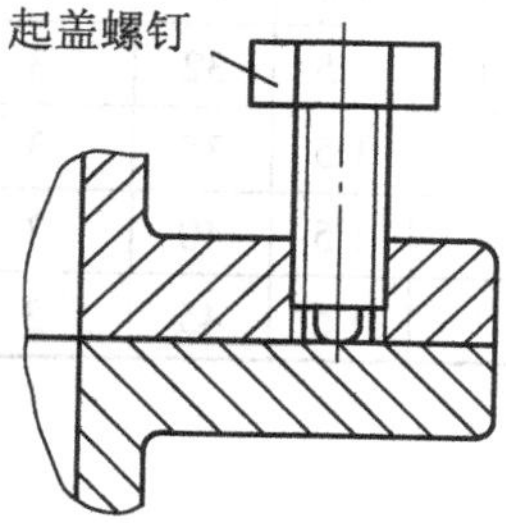

图 2-21

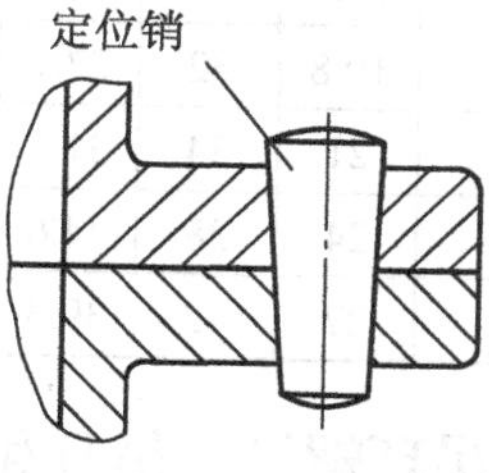

图 2-22

2.4.6 放油螺塞

放油孔应设在箱座底面的最低处，常将箱体的内底面设计成向放油孔方向倾斜 1°～1.5°，并在其附近做出一小凹坑，以便攻丝及油污的汇集和排放。图 2-23(a)的工艺性较好，图 2-23(b)未开凹坑，加工工艺性差。

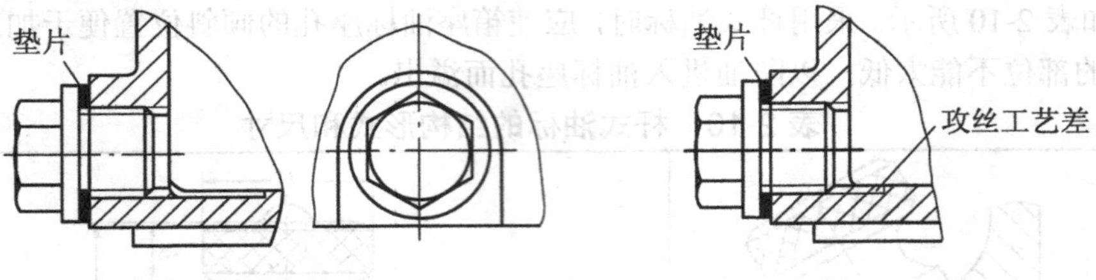

(a)　　　　　　(b)

图 2-23

外六角螺塞及油圈的结构形式和尺寸见表 2-11。

表 2-11　外六角螺塞(JB/ZQ4450—86)、纸封油圈(ZB71—62)、皮封油圈(ZB70—62)的结构形式和尺寸　　mm

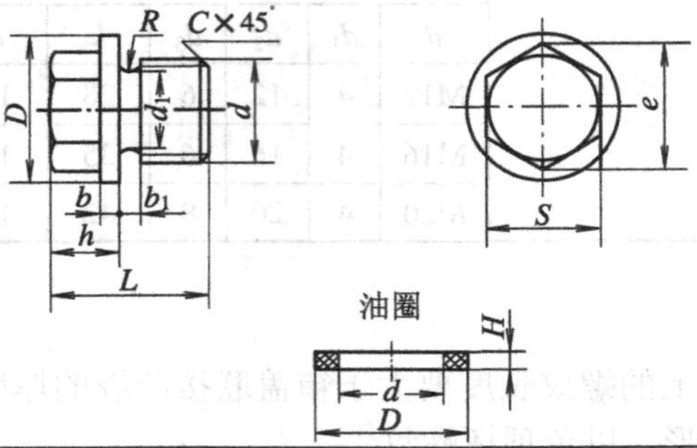

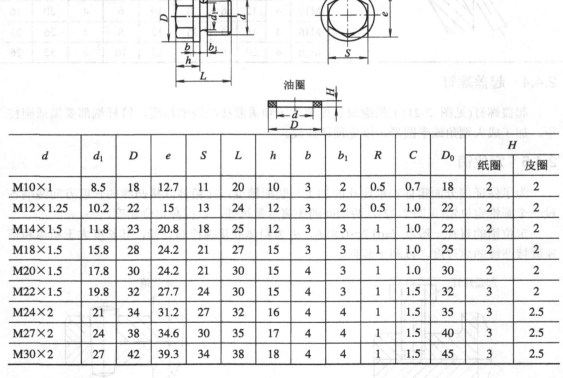

d	d_1	D	e	S	L	h	b	b_1	R	C	D_0	H	
												纸圈	皮圈
M10×1	8.5	18	12.7	11	20	10	3	2	0.5	0.7	18	2	2
M12×1.25	10.2	22	15	13	24	12	3	2	0.5	1.0	22	2	2
M14×1.5	11.8	23	20.8	18	25	12	3	3	1	1.0	22	2	2
M18×1.5	15.8	28	24.2	21	27	15	3	3	1	1.0	25	2	2
M20×1.5	17.8	30	24.2	21	30	15	4	3	1	1.0	30	2	2
M22×1.5	19.8	32	27.7	24	30	15	4	3	1	1.5	32	3	2
M24×2	21	34	31.2	27	32	16	4	4	1	1.5	35	3	2.5
M27×2	24	38	34.6	30	35	17	4	4	1	1.5	40	3	2.5
M30×2	27	42	39.3	34	38	18	4	4	1	1.5	45	3	2.5

2.4.7 吊环螺钉、吊耳和吊钩

为了拆卸及搬运减速器，应在箱盖上装有吊环螺钉或铸出吊耳，并在箱座上铸出吊钩。

吊环螺钉为标准件，可按其重量选取。由于吊环螺钉承载较大，故在装配时必须把螺钉完全拧入，使其台肩抵紧箱盖上的支承面。为此，箱盖上的螺钉孔必须局部锪大，如图 2-24 所示(其中图(b)所示螺钉孔的工艺性更好)。吊环螺钉用于拆卸箱盖，也允许用来吊运轻型减速器。

比较简便的加工方法是在箱盖上直接铸出吊耳或吊耳环，箱座两端也铸出吊钩，用以起吊或搬运整个箱体。吊钩和吊耳的尺寸可查表 2-12，也可根据具体情况加以修改。

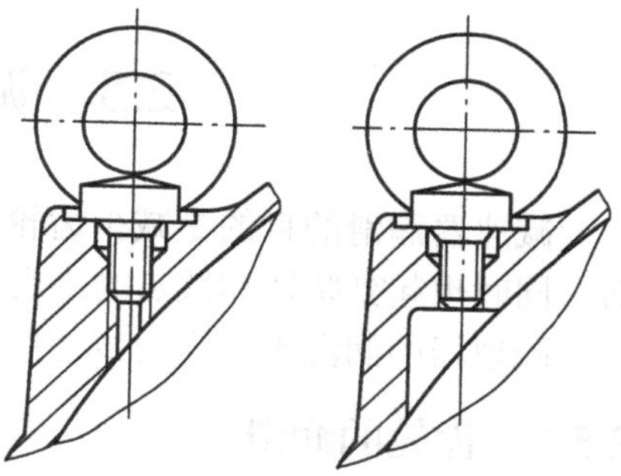
(a) (b)

图 2-24

表 2-12　起重吊耳和吊钩的尺寸

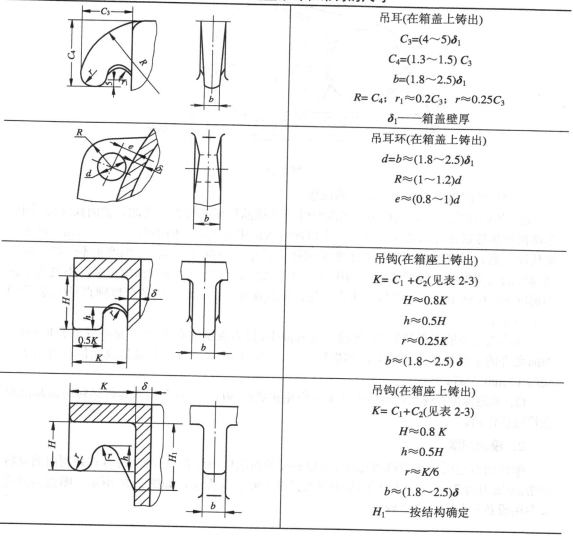

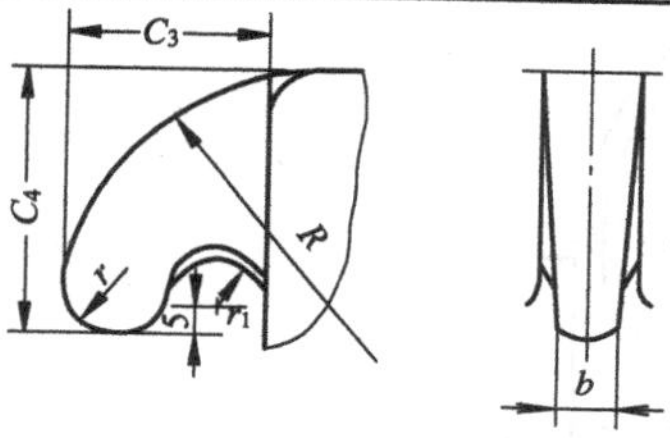	吊耳(在箱盖上铸出) $C_3=(4\sim5)\delta_1$ $C_4=(1.3\sim1.5)\ C_3$ $b=(1.8\sim2.5)\delta_1$ $R=C_4$；$r_1\approx0.2C_3$；$r\approx0.25C_3$ δ_1——箱盖壁厚
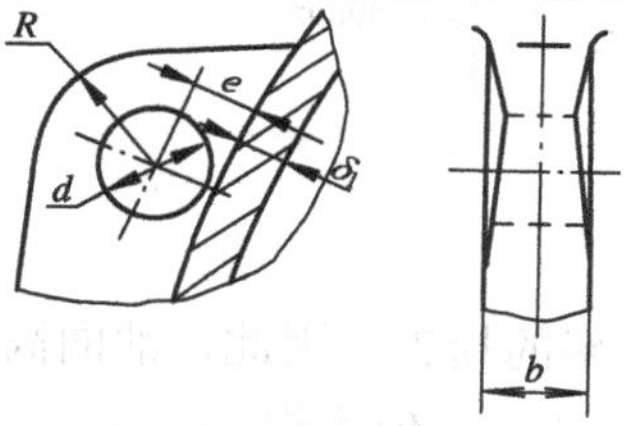	吊耳环(在箱盖上铸出) $d=b\approx(1.8\sim2.5)\delta_1$ $R\approx(1\sim1.2)d$ $e\approx(0.8\sim1)d$
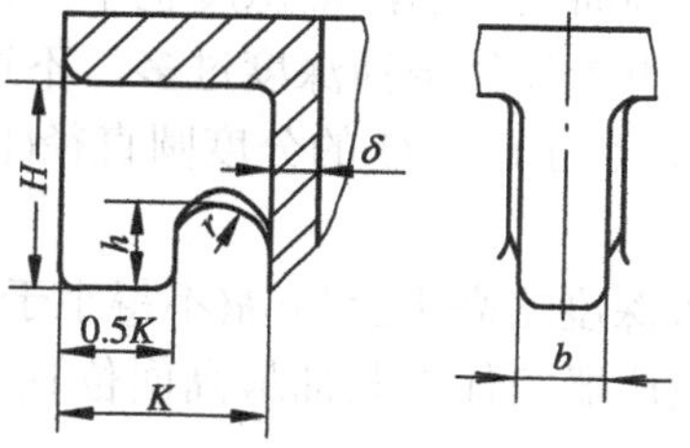	吊钩(在箱座上铸出) $K=C_1+C_2$(见表 2-3) $H\approx0.8K$ $h\approx0.5H$ $r\approx0.25K$ $b\approx(1.8\sim2.5)\ \delta$
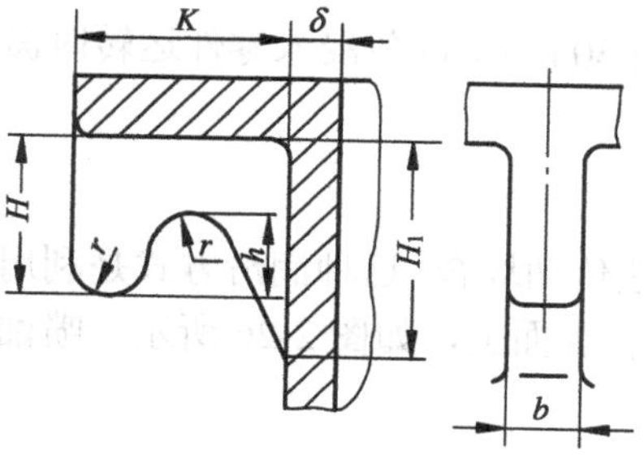	吊钩(在箱座上铸出) $K=C_1+C_2$(见表 2-3) $H\approx0.8\ K$ $h\approx0.5H$ $r\approx K/6$ $b\approx(1.8\sim2.5)\delta$ H_1——按结构确定

2.5　减速器的润滑与密封

减速器润滑的目的是减少齿轮传动和轴承的摩擦损耗与磨损，从而提高传动效率和寿命，同时也起到防锈和散热的作用。

减速器的润滑不仅影响传动性能，而且不同的润滑方式，也影响到减速器结构的设计。

2.5.1　齿轮的润滑

1．浸油润滑

浸油润滑适用于齿轮圆周速度 $v \leqslant 12$ m/s 的场合。这种润滑方式是将齿轮一部分浸入油池中，靠齿轮转动时，将油带至啮合区进行润滑，如图 2-25 所示。

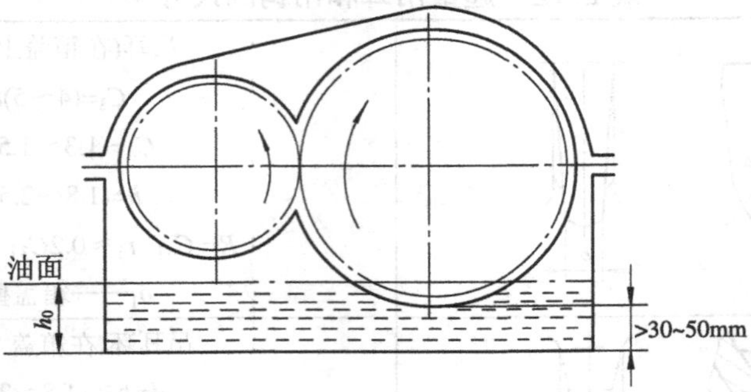

图 2-25

采用浸油润滑时应注意解决下列问题：

(1) 油面高度：油面高低影响到润滑性能和搅油功率的损失，因此，油面高度应适中。单级圆柱齿轮减速器以低速齿轮的一个齿高浸入油中为适度，但不得少于 10 mm。对于二级传动，高、低速级的大齿轮并不常是同样的尺寸，因而它们的浸油深度也不一样，故当高速级的大齿轮按上述要求浸入油中时，低速级的大齿轮往往浸油深度过多，不过对于圆周速度 $v<(0.5 \sim 0.8)$ m/s 的低速级大齿轮，浸油深度可达 1/6～1/3 的分度圆直径(由齿顶圆向中心量)。

故油面允许的下限位置为：使轮齿浸入油中，浸入深度略高于全齿高(不得小于 10 mm)。油面允许的上限位置为：考虑油的损耗，中、小型减速器箱体内装油最高面位置可比下限高出 10 mm 左右。

(2) 油池深度：浸入油内的零件至少应距箱底面 30 mm，以免浸入零件运转时激起沉积在箱底的泥渣。

2．喷油润滑

喷油润滑适用于齿轮圆周速度 $v>12$ m/s 的高速传动场合。这种润滑方式是利用油泵将润滑油(压力为 2～2.5 个大气压)从喷嘴直接喷到啮合表面上，如图 2-26 所示。喷油润滑需要专用设备和装置，成本较贵。

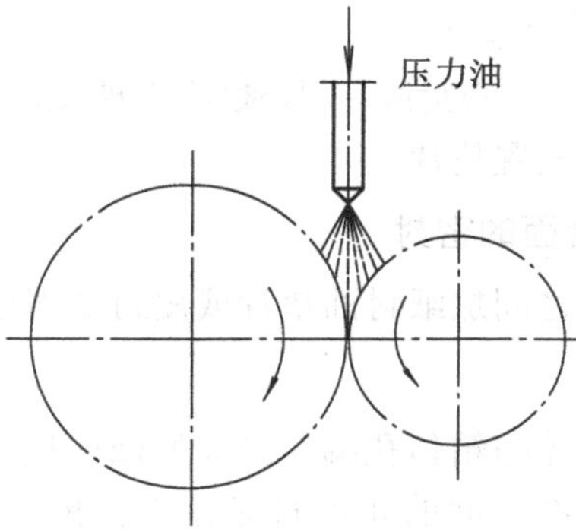

图 2-26

2.5.2　滚动轴承的润滑

1．飞溅式润滑

飞溅式润滑适用于齿轮圆周速度 $v>2$ m/s 的减速器。飞溅式润滑是利用大齿轮运转时，将油池中的润滑油激起并飞溅到箱盖内壁上，沿箱壁流积到接合面上的油沟里，再沿油沟流入轴承中，使轴承得到润滑，如图 2-8 所示。

为便于将油引入油沟，应在箱盖内壁接合面的边缘处制成倒角。油沟的结构和位置尺寸参见图 2-10。

2．润滑脂润滑

润滑脂润滑适用于齿轮圆周速度 $v<2$ m/s 的减速器。由于齿轮圆周速度较低，齿轮飞溅的油量不能满足轴承润滑的需要，这时，可在装配时将润滑脂直接填充在轴承空隙中进行润滑。填油量一般为轴承空隙的 1/3～1/2 为宜。

为了防止飞溅起来的润滑油冲稀润滑脂，应在轴上安装内密封用的挡油环。挡油环的安装及结构尺寸如图 2-27 所示(图中表示两种结构的挡油环)。

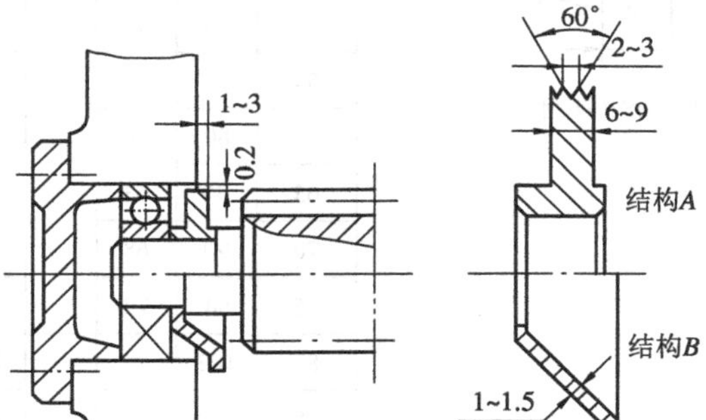

图 2-27

2.5.3　减速器的密封

为了防止油从箱体内部渗漏出来以及防止外界灰尘的侵入，在各接合面及活动间隙处均应进行密封。根据各部位的不同工作情况，应选择不同的密封方式和密封件。

1. 箱盖与箱座凸缘接合面的密封

对合前，在接合面上可涂一层密封胶(醇基漆)或水玻璃，必要时沿箱体的接合面凸缘开回油沟，但不允许在接合面间放置垫片。

2. 观察孔、油孔等处接合面的密封

应在观察孔、螺塞与箱体之间加纸封油垫片或皮封油圈进行密封(见表 2-11)。

3. 轴承孔的密封

轴承孔是通过轴承盖以及盖与箱体孔端面之间的微调垫片来达到密封的。

轴的外伸轴段与轴承透盖孔之间的间隙的密封是轴承外密封的主要部位，应在设计支承结构时一并考虑。轴承透盖与轴之间为活动配合，其密封形式较多，其中毡圈式密封结构最简单，主要用于润滑脂润滑及轴圆周速度较低时(粗羊毛圈 $v<3$ m/s，半粗羊毛圈 $v\leq5$ m/s)的润滑油润滑。

毡封油圈和槽的尺寸见表 2-13。

表 2-13　毡封油圈及槽(JB/ZQ4606—86)的尺寸　mm

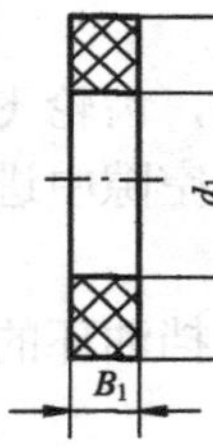

毡圈

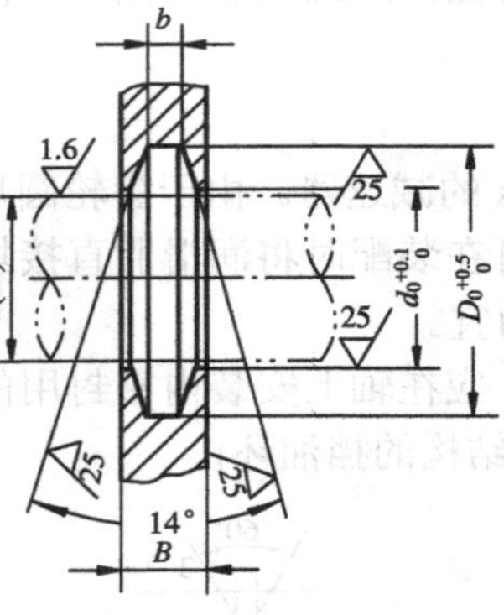

装毡圈的沟槽尺寸

标记示例：

毡圈40 JB/ZQ4606—86
(d=40的毡圈)
材料：半粗羊毛毡

轴径 d	毡封油圈			槽				
	D	d_1	B_1	D_0	d_0	b	B_{min} 钢	B_{min} 铸铁
15	29	14	6	28	16	5	10	12
20	33	19		32	21			
25	39	24	7	38	26	6		
30	45	29		44	31			
35	49	34		48	36			
40	53	39		52	41			
45	61	44	8	60	46	7		
50	69	49		68	51		12	15
55	74	53		72	56			
60	80	58		78	61			
65	84	63		82	66			
70	90	68		88	71			
75	94	73		92	77			
80	102	78	9	100	82	8	15	18
85	107	83		105	87			
90	112	88		110	92			
95	117	93	10	115	97			
100	122	98		120	102			
105	127	103		125	107			
110	132	108		130	112			

注：本标准适用于线速度 $v<5$ m/s。

2.5.4 润滑剂的选择

润滑剂的选择应根据传动件和轴承的载荷大小、载荷性质、转速、温度和工作环境等因素进行。

中、小型减速器齿轮的润滑油可先按表 2-14 选取油的粘度，再按表 2-15 选择润滑油。

表 2-14 齿轮润滑油的粘度推荐值

mm^2/s

齿轮材料	抗拉强度 σ_b/MPa	齿轮圆周速度 v/(m/s)						
		<0.5	0.5～1	1～2.5	2.5～5	5～12.5	12.5～25	>25
塑料、铸铁、青铜		320	220	150	100	68	46	—
钢	470～1000	460	320	220	150	100	68	46
	1000～1250	460	460	320	220	150	100	68
	1250～1580	1000	460	460	320	220	150	100
渗碳或表面淬火钢		1000	460	460	320	220	150	100

表 2-15 常用润滑油的主要质量指标和用途

名称	牌号	主要质量指标					简要说明及主要用途
		运动粘度 /(mm^2/s) 40℃	凝点 /℃ (不高于)	倾点 /℃ (不高于)	闪点 /℃ (不低于)	粘度指数	
全损耗系统用油(GB443—1989)	L-AN 15 L-AN 22 L-AN 32 L-AN 46 L-AN 68	13.5～16.5 19.8～24.2 28.8～35.2 41.4～50.6 61.2～74.8	-15 -15 -15 -10 -10	—	165 170 170 180 190	—	适用于对润滑油无特殊要求的锭子、轴承、齿轮和其他低负荷机械等部件的润滑，不适用于循环系统
L-HL 液压油(GB11118.1—1994)	L-HL 32 L-HL 46 L-HL 68 L-HL100	28.8～35.2 41.4～50.6 61.2～74.8 90.0～110	—	-6 -6 -6 -6	180 180 200 200	90 90 90 90	抗氧化、防锈、抗浮化等性能优于普通机油，适用于一般机床主轴箱、液压齿轮箱以及类似的机械设备的润滑
工业闭式齿轮油(GB5903—1995)	L-CKB 100 L-CKB 150 L-CKB 220	90.0～110 135～165 198～242	—	-8 -8 -8	—	90 90 90	一种抗氧防锈型润滑油，适用于正常油温下运转的轻载荷工业闭式齿轮润滑

续表

名称	牌号	主要质量指标					简要说明及主要用途
		运动粘度/(mm^2/s) 40℃	凝点/℃(不高于)	倾点/℃(不高于)	闪点/℃(不低于)	粘度指数	
普通开式齿轮油(SH0363—1992)	150 220 320	135～165 198～242 288～352	—	—	200 210 210	—	适用于正常油温下轻载荷普通开式齿轮润滑
蜗轮蜗杆油(SH0094—1991)	L-CKE 220 L-CKE 320 L-CKE 460	198～242 288～352 414～506	—	–12 –12 –12	200 200 200		适用于正常油温下轻载荷蜗杆传动的润滑
主轴、轴承和有关离合器用油(SH0017—1990)	L-FC 22 L-FC 32 L-FC 46	19.8～24.2 28.8～35.2 41.4～50.6	—	—	—	—	适用于主轴、轴承和有关离合器的压力油浴和油雾润滑

轴承的润滑脂可参照表 2-16 选取。

表 2-16　常用润滑脂的主要质量指标及用途

名称	代号	滴点/℃(不低于)	主要用途
钙基润滑脂(GB491—1987)	1 号 2 号 3 号	80 85 90	有耐水性能，用于工作温度低于 55～60℃的各种工农业、交通运输设备的轴承润滑，特别是水、潮湿处
钠基润滑脂(GB/T492—1989)	2 号 3 号	160 160	不耐水(潮湿)，用于工作温度在–10～10℃的一般中等载荷机械设备轴承的润滑
通用锂基润滑脂(GB7324—1994)	1 号 2 号 3 号	170 175 180	多效通用润滑脂，适用于各种机械设备的滚动轴承和滑动轴承及其他摩擦部位的润滑，使用温度为–20～120℃
钙钠基润滑脂(SH0368—1992)	1 号 2 号	120 135	用于有水、较潮湿环境中工作的机械润滑，多用于铁路机车、列车、发电机滚动轴承的润滑，不适用于低温工作，使用温度为 80～100℃
7407 号齿轮润滑脂(SH/T0469—1994)	—	160	用于各种低速，中、高载荷齿轮、链和联轴器的润滑，使用温度小于 120℃
7014-1 高温润滑脂(GB11124—1989)	7014-1	55～75	用于高温下工作的各种滚动轴承的润滑，也用于一般滑动轴承和齿轮的润滑，使用温度为–40～200℃

第 3 章　减速器的设计计算

3.1　减速器的设计计算概述

减速器在进行总体结构设计(装配草图设计)和零件结构设计(零件图设计)之前，必须进行一定的计算，作为设计的基础数据。其计算内容包括传动件(齿轮)的计算、轴的初步估算和危险截面的强度校核、轴承的寿命计算、键的强度校核以及箱体主要结构尺寸计算等。

传动零件和轴的初步估算应在装配草图绘制前进行，而轴的复合强度校核、轴承的寿命计算和键的校核则应在草图绘制过程中边绘图、边计算、边修正，计算与绘图交错地进行。

进行减速器的设计计算时，要特别注意数字的准确性，以免前边一个基本数字的差错造成后面一系列计算的返工。同时，要正确处理各类数据，对标准化的参数应按标准取定数据；一般结构数据应尽可能圆整，重要的几何尺寸和特性数据应有足够的精确度。

本章所采用的计算公式及计算方法与《机械设计基础》(郭红星主编，西安电子科技大学出版社出版)一书相同，读者可参阅教材的有关章节。

3.2　设计计算举例

现以一例说明设计计算的内容、方法、步骤以及数字处理，供初学者参考。

设计题目：带式运输机的单级斜齿圆柱齿轮减速器。运动简图如图 3-1 所示。

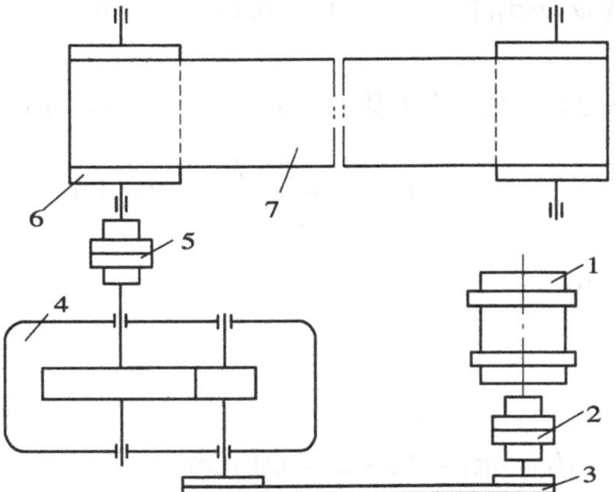

1—电动机；2、5—联轴器；3—带传动；4—减速器；6—滚筒；7—传

图 3-1

原始数据：减速器传递功率 P=5 kW；主动轴转速 n_1=960 r/min；齿数比 u=4.8。

工作条件：单向运转；载荷有轻微冲击；工作年限 10 年；两班制；工作温度 60°～100℃。

计算步骤如下。

一、齿轮的设计计算

1. 齿轮材料、热处理方式及精度等级的选择

由于该齿轮传动无特殊要求，因此所设计的齿轮可选用便于制造且价格便宜的材料。查表后，大、小齿轮均选用 45 号钢；小齿轮调质处理，硬度为 217～255HBS；大齿轮正火处理，硬度为 162～217HBS。

齿轮选用 8 级精度。

2. 按齿面接触疲劳强度设计

由设计计算公式进行计算，即

$$d_1 \geqslant 76.43\sqrt[3]{\frac{KT_1(u+1)}{\psi_d u[\sigma_H]^2}c}$$

(1) 确定公式中的各计算数值。

小齿轮传递的转矩为

$$T_1 = 9.55\times10^6\frac{P}{n_1} = 9.55\times10^6\times\frac{5}{960} \approx 49\,740\ \text{N}\cdot\text{mm}$$

选 K=1.2，取齿宽系数 ψ_d=0.8，查表得$[\sigma_{H1}]$=520 MPa，$[\sigma_{H2}]$=470 MPa。

(2) 计算小齿轮分度圆直径。

$$d_1 \geqslant 76.43\sqrt[3]{\frac{KT_1(u+1)}{\psi_d u[\sigma_H]^2}} = 76.43\sqrt[3]{\frac{1.2\times49\,740\times(4.8+1)}{0.8\times4.8\times470^2}} \approx 56.7\ \text{mm}$$

选择小齿轮齿数 $z_1 = 24$，大齿轮齿数 $z_2 = uz_1 = 4.8\times24 \approx 115$，计算模数，即

$$m = \frac{d_1}{z_1} = \frac{56.7}{24} \approx 2.36\ \text{mm}$$

取模数为标准值 m=2.5 mm。

(3) 计算主要尺寸。

分度圆直径

$$d_1 = mz_1 = 2.5\times24 = 60\ \text{mm}$$

$$d_2 = mz_2 = 2.5\times115 = 287.5\ \text{mm}$$

中心距

$$a=(d_1+d_2)/2=(60+287.5)/2=173.75\ \text{mm}$$

齿轮宽度

$$b=\psi_d d_1=0.8\times60=48\ \text{mm}$$

圆整该数值，并取 $b=B_2$=50 mm，B_1=55 mm。

3. 校核齿根弯曲疲劳强度

校核公式为

$$\sigma_F=\frac{2KT_1}{bmd_1}\cdot Y_F\cdot Y_S=\frac{2KT_1}{bm^2z_1}\cdot Y_F\cdot Y_S\leqslant[\sigma_F]$$

查表得 Y_{F1}=2.68，Y_{F2}=2.18，Y_{S1}=1.59，Y_{S2}=1.80。

根据齿轮材料和齿面硬度，查表得$[\sigma_{F1}]$=301 MPa，$[\sigma_{F2}]$=280 MPa。

$$\sigma_{F1}=\frac{2KT_1}{bm^2z_1}\cdot Y_{F1}\cdot Y_{S1}=\frac{2\times1.2\times49\,740}{50\times2.5^2\times24}\times2.68\times1.59\approx67.8\ \text{MPa}<[\sigma_{F1}]=301\ \text{MPa}$$

$$\sigma_{F2}=\sigma_{F1}\frac{Y_{F2}Y_{S2}}{Y_{F1}Y_{S1}}=67.8\times\frac{2.18\times1.8}{2.68\times1.59}\approx62.4\ \text{MPa}<[\sigma_{F2}]=280\ \text{MPa}$$

齿根弯曲强度校核合格。

4. 圆周速度的计算及齿轮润滑方式的确定

从动轮圆周速度为

$$v_2=\frac{\pi d_2n_2}{60\times1000}=\frac{3.14\times287.5\times\frac{960}{4.8}}{60\times1000}\approx3.01\ \text{m/s}$$

根据 2.5 节所述，齿轮采用浸油润滑，而轴承采用飞溅润滑。

二、轴的设计计算

1. 按扭矩估算最小直径

(1) 选择轴的材料和热处理。

选用 45 号钢并经调质处理，查表得 σ_b=650 MPa，HBS=217～225。

(2) 按扭矩估算最小直径。

主动轴：

因为轴的外伸端和联轴器联接，基本不承受弯矩，所以 C 可取较小值。由表取 C=110，计算得

$$d_1 \geqslant C\sqrt[3]{\frac{P}{n_1}} = 110\sqrt[3]{5/960} \approx 19.1\ \text{mm}$$

考虑键槽对轴的削弱，将轴径增大 5%，即取 d_1=19.1×1.05=20.1 mm。所选轴的直径应与联轴器的孔径相适应，故需同时选取联轴器。采用弹性套柱销联轴器，由附表 C-2(GB/T4323—1984)查得孔径为 20 mm，即 $d_{1\min}$=20 mm。

从动轴：

$$d_2 \geqslant C\sqrt[3]{\frac{P}{n_2}} = 110\sqrt[3]{5/200} \approx 32.2\ \text{mm}$$

考虑键槽对轴的削弱，将轴径增大 5%，即取 d_2=32.2×1.05≈33.8 mm。所选轴的直径应与联轴器的孔径相适应，故需同时选取联轴器。采用弹性套柱销联轴器，由附表 C-2(GB/T4323—1984)查得孔径为 35 mm，即 $d_{2\min}$=35 mm。

2. 轴的复合强度校核

轴的复合强度校核与轴的支承点(轴承)间的跨距有关。因此，校核计算应在草图设计过程中，通过绘图初步设计轴的结构、支承结构和各零件相关位置后才可进行。

1) 从动轴的结构设计及结构草图的绘制

(1) 轴系各零件的位置和固定方式：齿轮安装在轴的中部，两侧分别是用轴环和套筒作轴向固定，用平键(键 14×45，GB1096—90)联接作周向固定。轴承安装在齿轮两边，左边轴承用轴肩作轴向固定，轴承孔与轴颈采用过渡配合；右边轴承用套筒作轴向固定，轴承孔与轴之间也是采用过渡配合；两边轴承的外圈用轴承盖作轴向固定。弹性套柱销联轴器安装在轴的外伸端，用平键(键 10×70，GB1096—79)联接作周向固定，用轴肩作轴向固定。

以上各零件布置见图 3-2。

(2) 确定轴的各段直径和长度：如图 3-2 所示，将轴分为 6 段，分别用Ⅰ、Ⅱ、Ⅲ、Ⅳ、Ⅴ、Ⅵ表示。

外伸端Ⅰ：取 d_1=35 mm，长度根据联轴器的轮毂长度(82 mm)来确定，取长度为 75 mm。

轴身Ⅱ：取 d_2=42 mm(考虑与Ⅰ段轴肩高度的定位要求)，其长度应根据轴承盖及考虑轴承盖与联轴器之间有一定的距离来确定，取长度为 65 mm。

轴颈Ⅲ：取 d_3=45 mm，取长度为 35 mm(选择轴承型号为 6009，宽度 B=16 mm，且齿轮端面与箱体内壁有适当的距离)。

轴头Ⅳ：取 d_4=48 mm，因齿轮轮毂宽度为 55 mm，故取轴头长度为 53 mm。

轴环Ⅴ：取 d_5=55 mm(考虑轴肩高度的定位要求)，取长度为 7 mm(约 1.4 倍的轴肩高度)。

轴颈Ⅵ：取 d_6=45 mm，取长度为 28 mm(考虑轴承宽度 B=16 mm，且齿轮端面与箱体内壁有适当距离)。

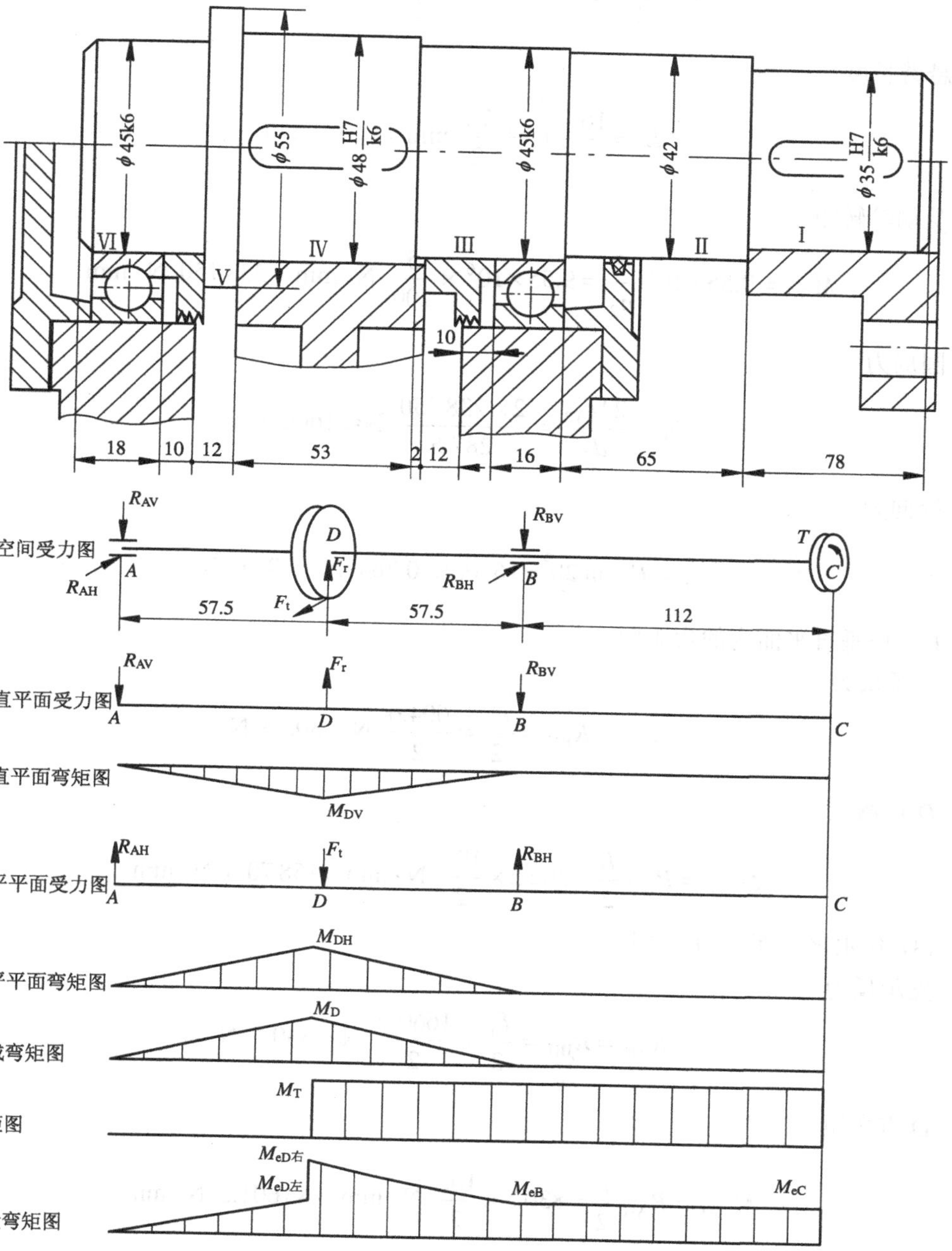

图 3-2

2) 轴的强度的验算

按弯、扭组合作用验算轴的强度。

(1) 绘出轴的空间受力图，求轴上的作用力。

轴的跨度

$$L=\frac{16}{2}+17+55+17+\frac{16}{2}\ \text{mm}=105\ \text{mm}$$

悬臂长度

$$L_1=\frac{16}{2}+65+\frac{75}{2}\ \text{mm}=110.5\ \text{mm}$$

从动轮转矩

$$M_{T2}=9.55\times10^6\frac{P}{n_2}=9.55\times10^6\times\frac{5}{200}\ \text{N}\cdot\text{mm}=238\,750\ \text{N}\cdot\text{mm}$$

圆周力

$$F_t=\frac{2M_{T2}}{d_2}=\frac{2\times238\,750}{287.5}\ \text{N}\approx1660.9\ \text{N}$$

径向力

$$F_r=F_t\tan20^\circ=1660.9\times0.364\ \text{N}\approx604.6\ \text{N}$$

(2) 作垂直平面内的弯矩图。
支承反力

$$R_{AV}=R_{BV}=\frac{F_r}{2}=\frac{604.6}{2}\ \text{N}=302.3\ \text{N}$$

D 点弯矩

$$M_{DV}=R_{AV}\frac{L}{2}=302.3\times\frac{105}{2}\ \text{N}\cdot\text{mm}\approx158\,70.8\ \text{N}\cdot\text{mm}$$

(3) 作水平平面内的弯矩图。
支承反力

$$R_{AH}=R_{BH}=\frac{F_t}{2}=\frac{1660.9}{2}\ \text{N}\approx830.5\ \text{N}$$

D 点弯矩

$$M_{DH}=R_{AH}\frac{L}{2}=830.5\times\frac{105}{2}\ \text{N}\cdot\text{mm}\approx43\,601.3\ \text{N}\cdot\text{mm}$$

(4) 作合成弯矩图。

最大弯矩在 D 点所在的剖面上，其值为

$$M_D=\sqrt{M_{DV}^2+M_{DH}^2}=\sqrt{15\,870.8^2+43\,601.3^2}\approx46\,400\ \text{N}\cdot\text{mm}$$

(5) 作扭矩图。

扭矩等于从动轮的转矩，即 $M_T=M_{T2}=238\,750\ \text{N}\cdot\text{mm}$。

(6) 作当量弯矩图。

因为减速器单向运转，故扭转剪应力按脉动循环变化，取$\alpha=0.6$，最大当量弯矩在D点处，其值为

$$M_{eD左}=M_D=46\,400\ \text{N}\cdot\text{mm}$$

$$M_{eD右}=\sqrt{M_D^2+(\alpha M_T)^2}=\sqrt{46\,400^2+(0.6\times238\,750)^2}\ \text{N}\cdot\text{mm}\approx150\,577.2\ \text{N}\cdot\text{mm}$$

(7) 确定危险剖面处的轴径：根据轴所选材料为 45 号钢调质，σ_b=650 MPa，查表得许用对称循环弯曲应力$[\sigma_{-1b}]$=55 MPa，将以上数值代入下式，计算得

$$d\geqslant\sqrt[3]{\frac{M_e}{0.1[\sigma_{-1b}]}}=\sqrt[3]{\frac{150\,577.2}{0.1\times55}}\approx30.1\ \text{mm}$$

考虑键槽对轴的削弱，将轴径增大 5%，即 30.1×1.05≈31.6 mm。设计草图的轴头直径为 48 mm。由上面计算可见强度较为富余，但如果将轴径改小，则外伸端也必须相应减小，这样将影响外伸端强度。因此仍按原草图设计的直径。

主动轴的校核方法与从动轴相同，故省略。

3. 轴承的寿命计算

1) 从动轴轴承

(1) 画出轴承受力简图(如图 3-3 所示)。

(2) 计算轴承的当量动载荷。

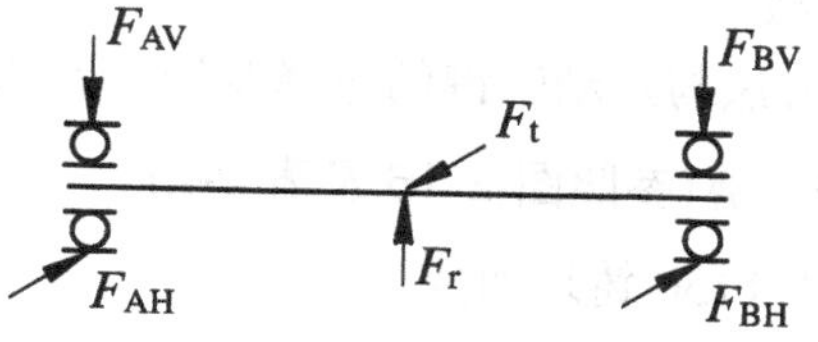

图 3-3

轴承仅受径向力作用，径向力为

$$F_{rA}=F_{rB}=\sqrt{R_{AV}^2+R_{AH}^2}=\sqrt{302.3^2+830.5^2}\ \text{N}\approx883.8\ \text{N}$$

$$P=f_P F_{rA}=1.1\times883.8\ \text{N}\approx972.2\ \text{N}$$

初步选择轴承型号为 6209，查得 $C_r=24\,500$ N。

$$[L_h]=10\times300\times16=48\,000\ \text{h}$$

(3) 计算轴承所需基本额定动载荷值：

$$\left(\frac{60n[L_{\mathrm{h}}]}{10^6}\right)^{\frac{1}{\varepsilon}}\frac{P}{f_{\mathrm{T}}}=\left(\frac{60\times 200\times 48\,000}{10^6}\right)^{\frac{1}{3}}\frac{972.2}{1}\approx 8089\ \mathrm{N}<C_{\mathrm{r}}=24\,500\ \mathrm{N}$$

故满足要求。

2) 主动轴轴承

主动轴轴承的选择计算方法与从动轴轴承相同，故省略。

4. 键的选择计算

1) 从动轴键的选择及校核

(1) 外伸端：

根据轴径 d=35 mm，选择键 10×70，GB1096－79(b=10 mm，h=8 mm，L=70 mm)。

根据材料为钢、轻微冲击，从教材有关章节查得$[\sigma_{\mathrm{jy}}]$=100 Pa，则挤压强度为

$$\sigma_{\mathrm{jy}}=\frac{4T_2}{dhl}=\frac{4\times 238\,750}{35\times 8\times (70-10)}\approx 56.8\ \mathrm{MPa}<[\sigma_{\mathrm{jy}}]$$

故合格。

(2) 与齿轮联接的键：

根据轴径 d=48 mm，选择键 14×45，GB1096－79(b=14 mm，h=9 mm，L=45 mm)。

根据材料为钢、轻微冲击，从教材有关章节查得$[\sigma_{\mathrm{jy}}]$=100 Pa，则挤压强度为

$$\sigma_{\mathrm{jy}}=\frac{4T_2}{dhl}=\frac{4\times 238\,750}{48\times 9\times (45-14)}\approx 71.3\ \mathrm{MPa}<[\sigma_{\mathrm{jy}}]$$

故合格。

2) 主动轴键的选择及校核

主动轴键的选择及校核方法与从动轴键的选择及校核方法相同，故省略。

5. 箱体主要结构尺寸的计算(参照图 2-16 及表 2-2)

箱座、箱盖材料均采用 HT150 铸造而成。

箱座壁厚

$$\delta=0.025a+1=0.025\times 173.75+1\approx 5.3\ \mathrm{mm}$$

取 $\delta=8$ mm。

箱盖壁厚

$$\delta_1=\delta=8\ \mathrm{mm}$$

箱盖凸缘厚度

$$b_1=1.5\delta_1=12\ \mathrm{mm}$$

箱座凸缘厚度

$$b=1.5\delta=12\ \mathrm{mm}$$

箱座底凸缘厚度为 $2.5\delta=20$ mm。

地脚螺栓直径

$$d_f = 0.036a + 12 = 0.036 \times 173.75 + 12 \approx 18 \text{ mm}$$

轴承旁联接螺栓直径

$$d_1 = 0.75 d_f \approx 14 \text{ mm}$$

箱盖、箱座凸缘联接螺栓直径 $d_2 = 0.6 d_f = 10.8$ mm，取 d_2=12 mm。

第 4 章　减速器装配草图的绘制

绘图设计是课程设计的一个重要阶段。通过绘图的方法设计减速器的零件结构尺寸以及零件间的相互协调关系，是设计者构思的体现，也是设计者的设计意图能付之于生产的手段。绘图设计包括装配草图的绘制、装配图的绘制和零件工作图的绘制。

装配草图是表达设计者设计减速器总体结构意图的图样，也是绘制减速器正式装配图的依据。因为减速器的许多零件的结构形状和尺寸的确定不是通过一次计算或一次绘图即可完成的，往往需要经过反复修改才能逐步完善，而减速器装配草图的绘制就是完成这一过程的体现。图 4-1 所示为在方格纸上绘制的单级斜齿圆柱齿轮减速器的装配草图。

4.1　装配草图绘制的基本任务

装配草图绘制的基本任务如下：

(1) 确定减速器主要零件的结构形状和尺寸及其在减速器中的相互位置；

(2) 进行轴的强度校核、轴承寿命以及键的选择与校核；

(3) 减速器箱体的结构设计；

(4) 确定减速器的各种附件的结构和位置；

(5) 考虑减速器的润滑和散热等问题。

4.2　绘制装配草图前应具备的数据

绘制装配草图前应具备的数据如下：

(1) 所有传动件的主要参数(如齿轮传动的中心距、齿顶圆直径、齿轮宽度等)；

(2) 轴的外伸端轴径；

(3) 预选的轴承型号；

(4) 预选的联轴器或离合器型号；

(5) 选定减速器的结构形式、润滑方法以及主要结构尺寸；

(6) 减速器各主要零件的相对位置尺寸。

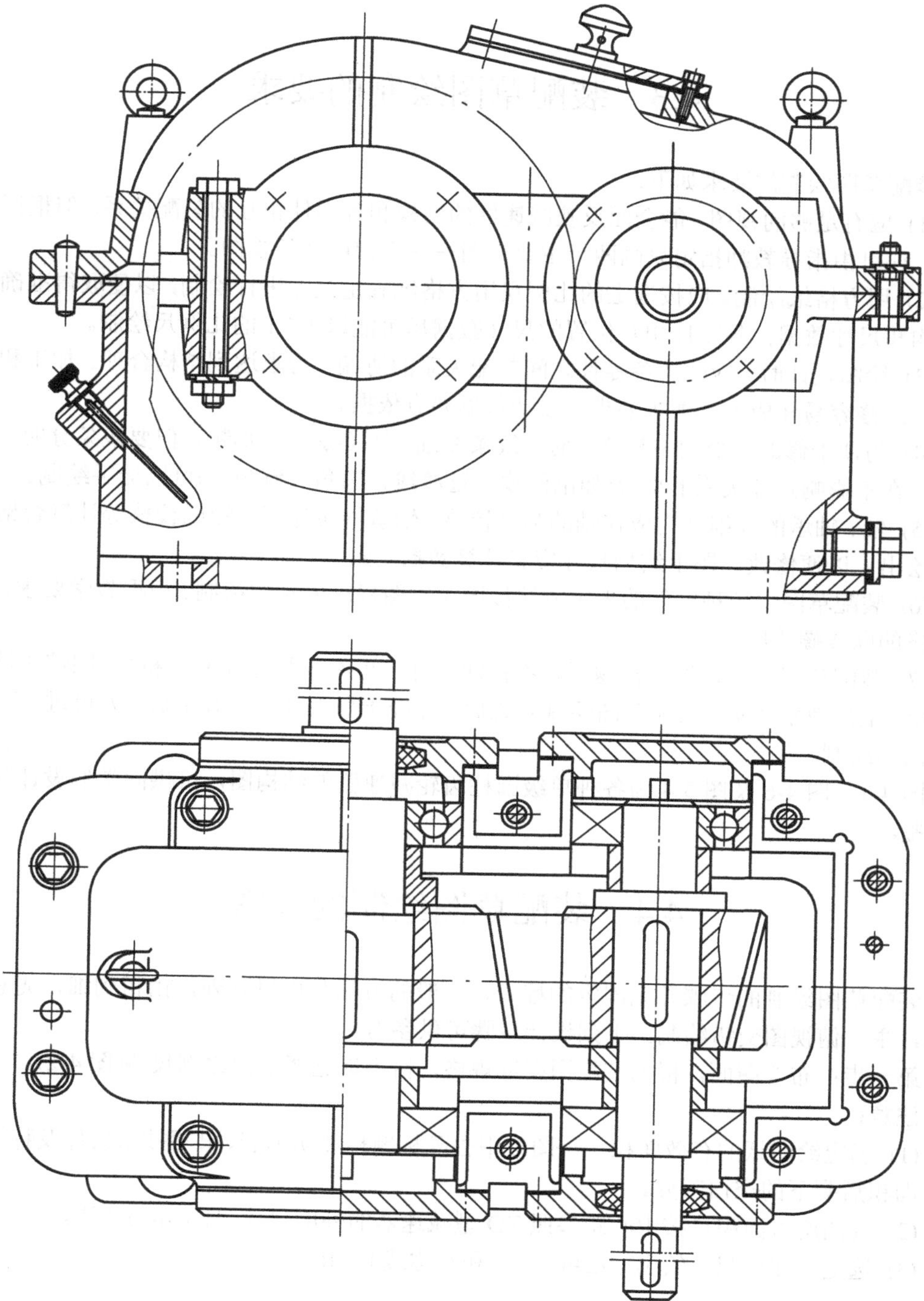

图 4-1

4.3 装配草图绘制的要求

装配草图绘制的要求如下：

(1) 应有足够的视图，能全面反映减速器的结构和各零件相互的装配关系。但根据教学要求，亦可由指导教师指定只画两个主要视图——主视图及俯视图。

(2) 用方格纸绘制。应按选定的比例尺用方格纸确定尺寸进行绘制，以便取得准确的零件结构和尺寸数据；各零件相互位置的尺寸数据尽可能以 1∶1 的比例尺绘制。

(3) 绘图设计时，应注意各零件之间装配关系的协调，力求达到结构合理、加工和装配方便、维修容易和成本低廉等要求。设计数据要有依据。

(4) 为便于修改，绘制装配草图时，线条要细，不必加深、加粗，但要线条分明、清楚整洁。在不影响尺寸关系的部位(如剖面线、过渡线、圆角、倒角等)可以徒手绘制。

(5) 轴、轴承的详细结构应在轴的强度校核、轴承寿命计算及键的校核等计算合格后再详细绘出，以便修改。图上结构尺寸应和计算数据一致。

(6) 装配草图中各种零件的表示方法按国家制图标准的规定绘制。根据教学要求，每一种规格的联接螺栓应剖开一个。

(7) 装配草图不绘边框、标题栏，不标注尺寸，也不进行零件编号和填写零件明细表。

(8) 根据教学要求，装配草图绘制完成后，需经指导教师审阅签字后，方可进行下一步装配图的绘制。

图 4-1、图 4-6 及图 5-4 为各种单级圆柱齿轮减速器的结构图，可供同学们设计时参考和借鉴。

4.4 装配草图绘制的步骤

装配草图绘制的步骤并无固定的程式，一般的方法是由里到外，由粗到细，先总体后局部，主、俯视图交错绘制。下列设计步骤可供参考。

第一步：布置图面，根据装配图用纸规格，恰当地选择绘图比例尺(见图 4-2)。

注意：

(1) 确定绘图纸的有效面积——图纸中去除标题栏和明细表、书写技术条件及特性数据所占面积后剩下的空白部分。

(2) 视图所占面积可按中心距参照 ZD 型减速器的外廓尺寸(见表 4-1)估计。

(3) 选定好比例尺，绘出中心线Ⅰ-Ⅰ和对称线Ⅱ-Ⅱ。

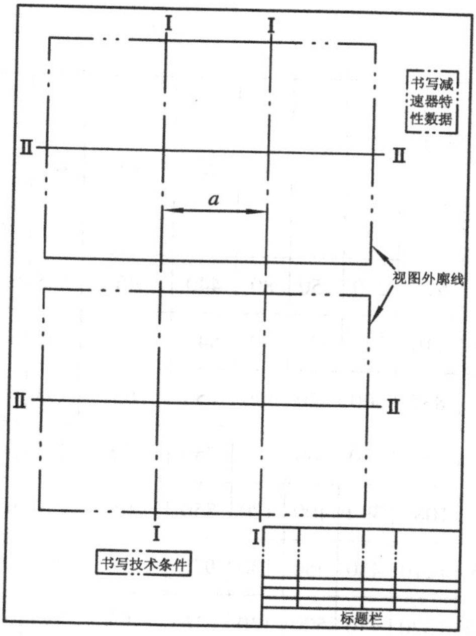

图 4-2

表 4-1　ZD 型减速器外形及安装尺寸

mm

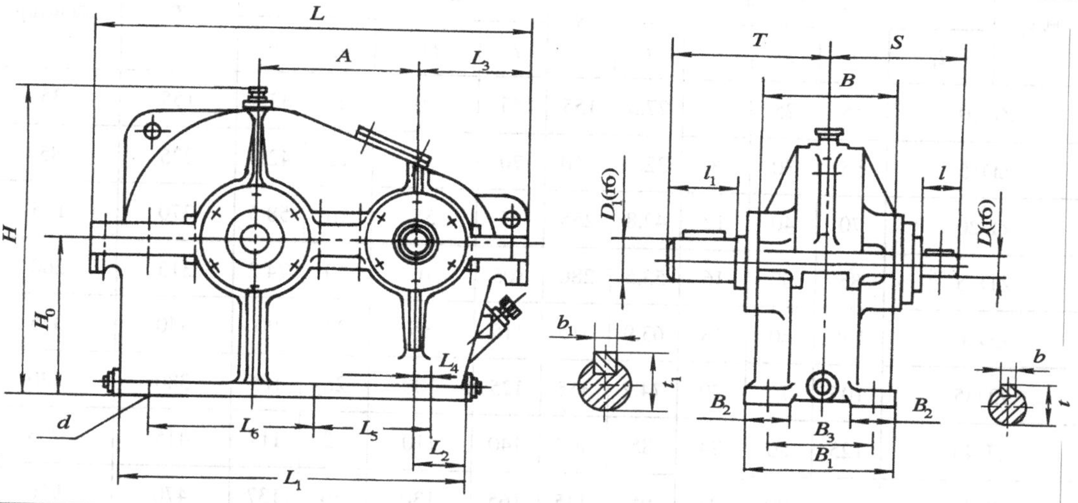

型号	中心距	中心高	外形尺寸			B_1	B_2	L_1	L_2	L_3	地脚螺钉				
	A	H_0	H	L	B						n-d	B_3	L_4	L_5	L_6
ZD10	100	$130_{-0.5}$	240	335	140	150	48	245	35	95	4-M16	110	10	—	195
ZD15	150	$200_{-0.5}$	355	450	210	220	70	340	35	110	6-M16	160	10	80	200

续表

型号	中心距	中心高	外形尺寸			B_1	B_2	L_1	L_2	L_3	地脚螺钉				
	A	H_0	H	L	B						n-d	B_3	L_4	L_5	L_6
ZD20	200	$250_{-0.5}$	495	575	250	250	80	440	45	145	6-M16	170	10	130	220
ZD25	250	$300_{-0.5}$	595	710	270	290	90	545	50	165	6-M20	210	10	160	295
ZD30	300	$350_{-0.5}$	685	835	300	320	100	650	65	195	6-M24	240	20	205	350
ZD35	350	$400_{-0.5}$	780	955	350	360	110	750	70	215	6-M24	280	20	250	400
ZD40	400	$450_{-0.5}$	880	1085	390	400	120	850	65	240	6-M30	310	20	280	470
ZD45	450	$500_{-0.5}$	975	1210	430	450	130	970	90	265	6-M30	340	35	325	525
ZD50	500	$550_{-1.0}$	1105	1320	470	500	140	1070	95	275	6-M36	390	40	355	600
ZD60	600	$650_{-1.0}$	1300	1550	540	540	145	1265	95	310	6-M36	430	40	440	700
ZD70	700	$750_{-1.0}$	1495	1820	580	610	150	1490	130	370	6-M42	500	55	550	790

型号	高速轴					S	低速轴				T	质量/kg
	d_1	l	D	b	t		l_1	D_1	b_1	t_1		
ZD10		55	25	8	27.5	155	55	30	8	32.5	155	35
ZD15		55	30	8	32.5	210	70	40	12	42.8	225	85
ZD20		70	40	12	42.8	255	85	55	16	58.5	270	155
ZD25		85	50	16	53.5	280	105	70	20	74.2	315	260
ZD30		105	60	18	63.9	315	115	85	24	90	340	375
ZD35		105	70	20	74.2	355	125	100	28	106	380	530
ZD40		125	80	24	85	400	140	110	32	117	415	735
ZD45		140	90	24	95	435	165	130	36	137	470	950
ZD50		160	100	28	105.7	475	180	140	36	147	500	1345
ZD60		165	120	32	126.5	515	200	170	40	179	570	1945
ZD70		180	140	36	147.2	580	240	200	45	210	630	2700

第二步：画出传动零件外廓及箱体内壁线(见图 4-3)。

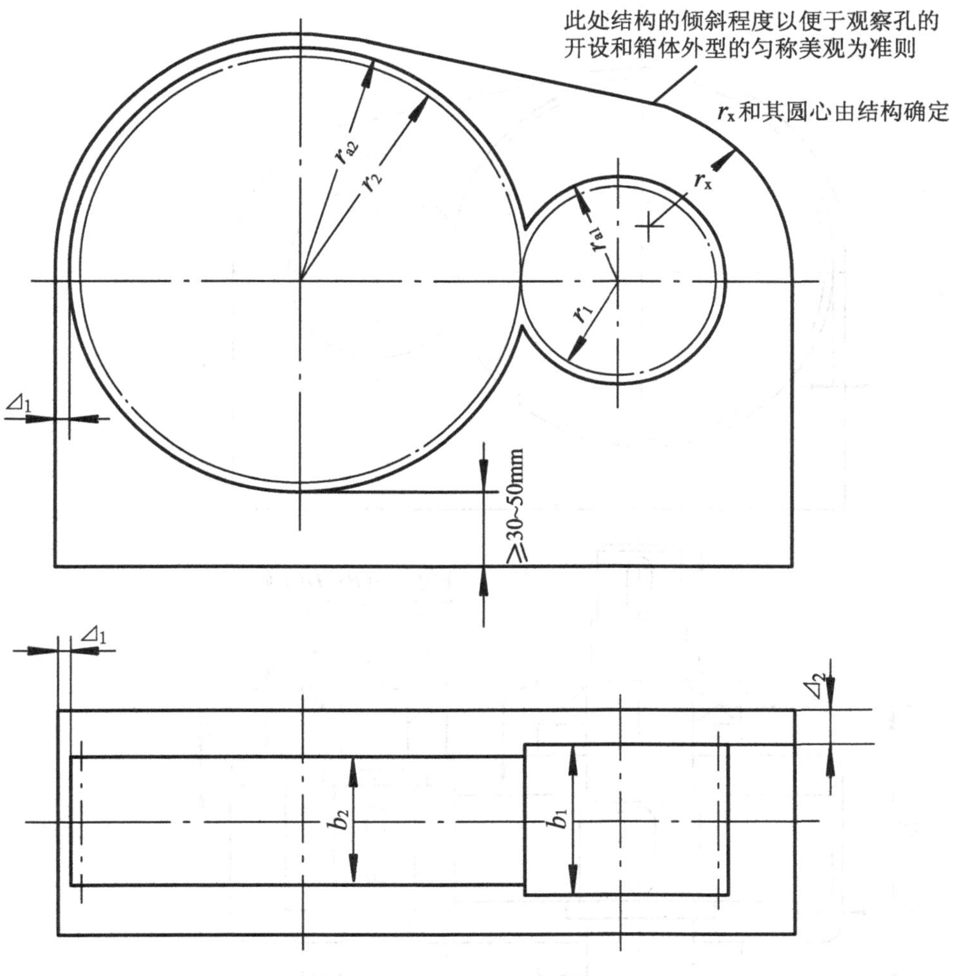

图 4-3

注意：

(1) 准确画出两齿轮分度圆、齿顶圆(主视图)和宽度外廓(俯视图)。

(2) 根据Δ_1、Δ_2画出箱体内壁，做到合理、匀称。

第三步：画轴、齿轮和轴承的粗略结构，确定轴承相对箱体与轴上零件的相对位置，并对轴、轴承和键进行校核计算，经验算合格后，进一步完善轴及齿轮的结构(见图 4-4)。

注意：

(1) 以估算的轴为外伸端最小直径，按轴上零件的安装关系设计轴的阶梯结构，但外伸端轴承以外的各轴段长度暂不确定，可粗略画出。

(2) 初选好轴承型号，查明轴承的外径与宽度。

(3) 根据Δ_2、l_2的关系，确定齿轮与轴承的相对位置，计算出支承的跨距 L。

(4) 验算轴、轴承和键的强度、寿命。

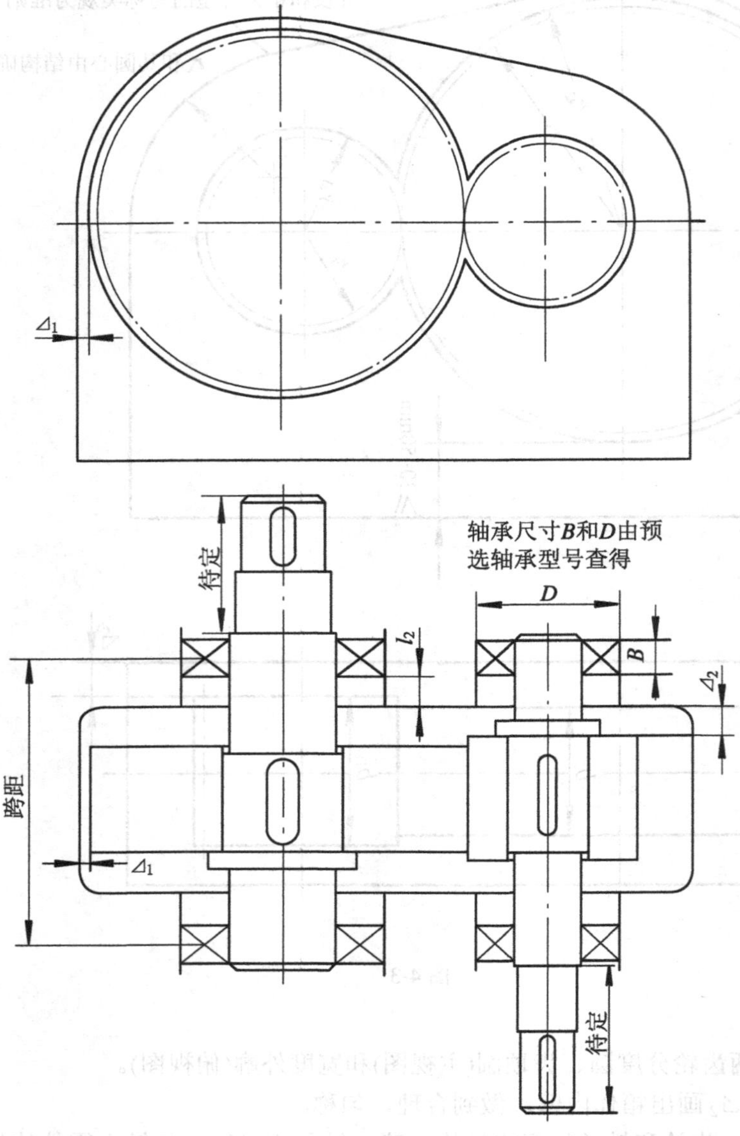

图 4-4

第四步：逐步完成箱体、轴承盖等结构(见图 4-5)。

注意：

(1) 确定尺寸 s 和 h 时，应确保螺栓与轴承盖螺钉互不干涉，并有足够的扳手空间。

(2) 轴承座旁和箱体两侧的接合凸缘的 C_1 和 C_2 应按螺栓直径 d_1 和 d_2 分别确定。

(3) 特别注意轴承座端面、接合面边缘及轴承旁凸台三者间的投影层次。

(4) 轴承采用飞溅润滑时，应画出油槽结构(见图 2-10)。

(5) 当采用深沟球轴承(6000 型)时，一端轴承的端面与轴承盖之间应留有游动间隙。

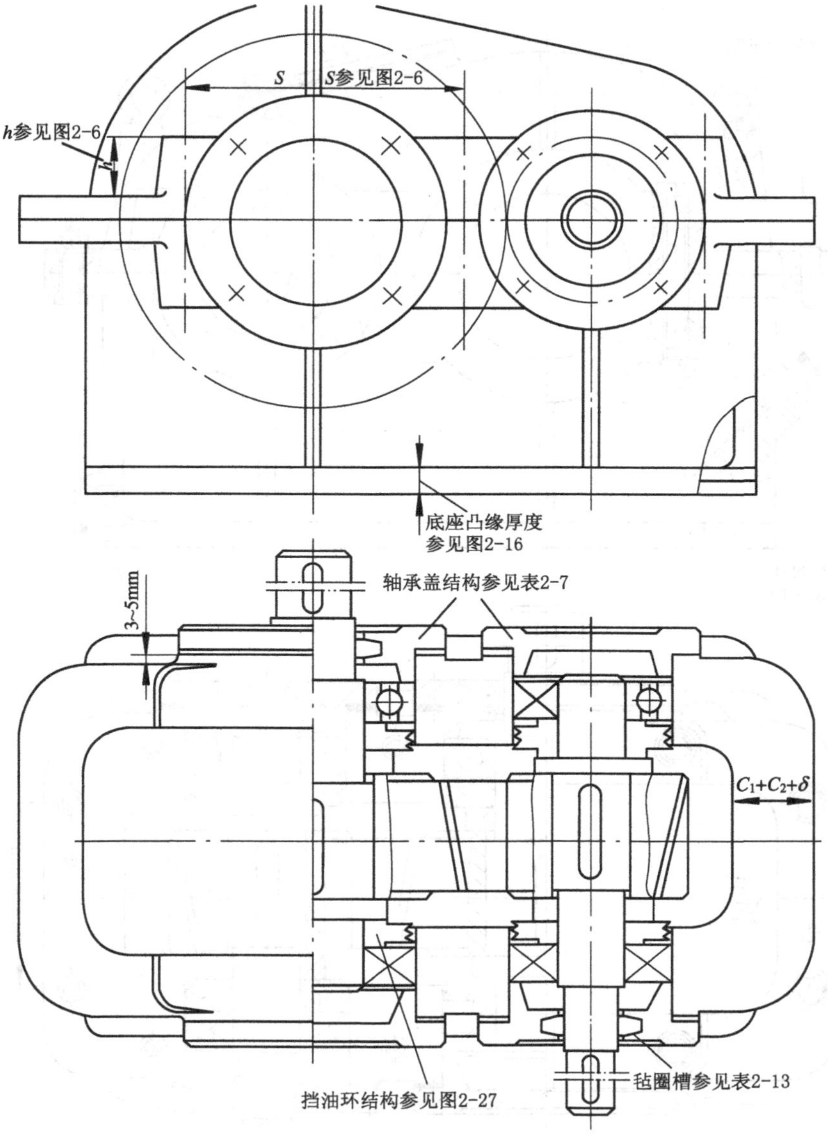

图 4-5

第五步：画出箱体各联接、定位、密封的零件以及全部附件结构，并画出剖面线(见图 4-6)。

注意：

(1) 弄清螺栓、螺钉联接原理，正确画出螺纹联接关系。

(2) 弄清每个附件的结构与安装要求，正确画出图。

(3) 若要设计吊耳、吊钩，可参见表2-12。

装配草图设计完毕，应进行全面检查，以排除遗漏和差错。

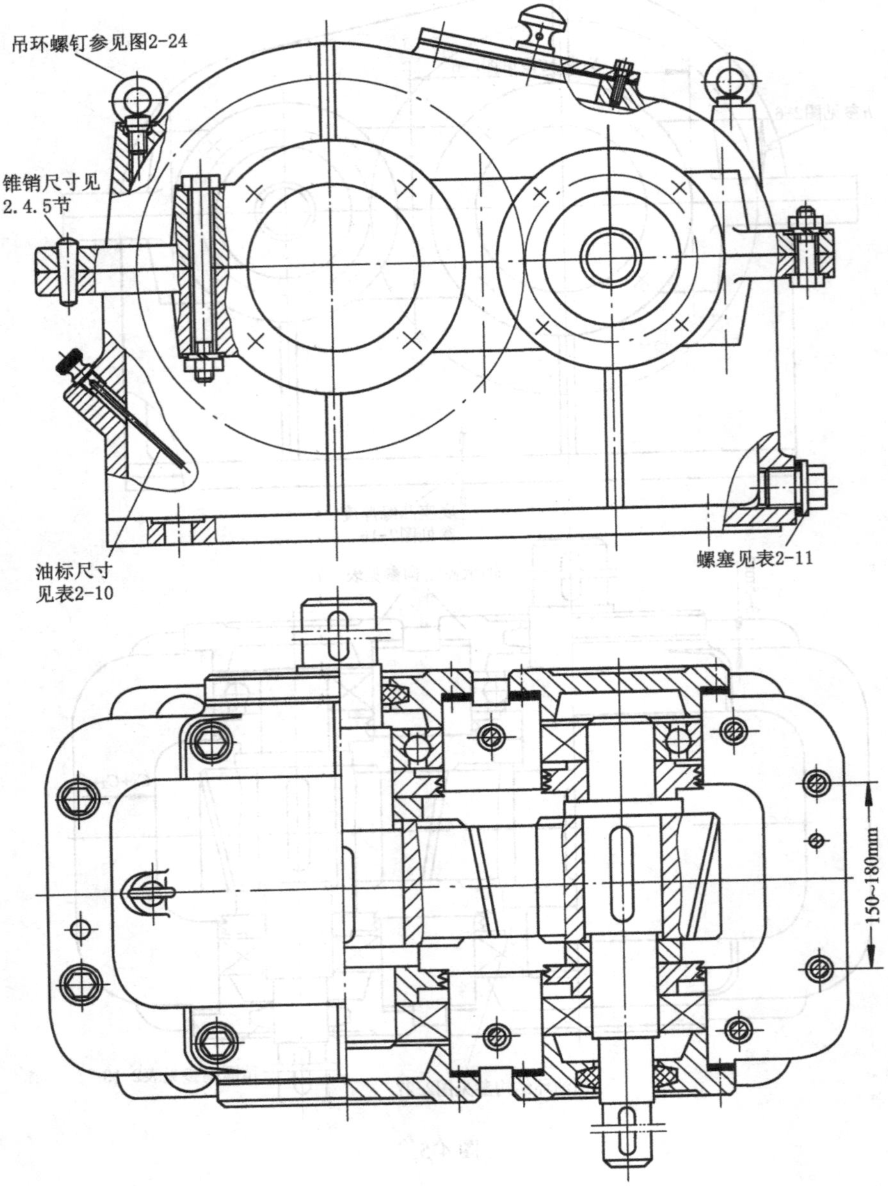

图 4-6

第 5 章　减速器装配工作图的绘制

减速器装配图是表达减速器的工作原理、结构形式、技术条件和零件相互位置以及几何尺寸的图样，也是拆绘零件图的依据。所以，装配图是生产中制造、装配减速器以及使用减速器的重要技术文件之一。

装配图是在装配草图绘制的基础上进行的，但绘制装配图时，应对某些不完善的结构作进一步的修改和完善，因此，绘制装配图的过程并不仅仅是照抄装配草图的过程，而应该是个修改和提高的过程。

5.1　装配工作图的内容

一张完整的装配图应具备下列基本内容。

1. 视图

这些视图应当完整、正确、清晰地表达出减速器的工作原理，零部件的装配关系以及主要零件的结构形状。

2. 标注尺寸

一般应标注下列尺寸：

(1) 特性尺寸——表明减速器性能的尺寸，以符号 T 表示此类尺寸。

(2) 配合尺寸——减速器中凡要求配合的部位均应标出尺寸数值和配合类别，以符号 P 表示此类尺寸。

(3) 安装尺寸——表明减速器安装于机座或地基上时的有关尺寸，以符号 A 表示此类尺寸。

(4) 外廓尺寸——表明减速器所占空间大小的尺寸，以符号 W 表示此类尺寸。

各类尺寸标注内容如图 5-1 所示。

3. 减速器的特性数据

在装配图的空白处应写明反映减速器性能的主要数据，如减速器传递功率、输入转速、传动比及传动特性数据(传动件主要参数 m、z、β 和精度等)。

4. 技术要求

装配图上应列出与减速器装配、检验和使用等方面有关的技术性要求。一般写在明细表的上方或图纸下方的空白处。

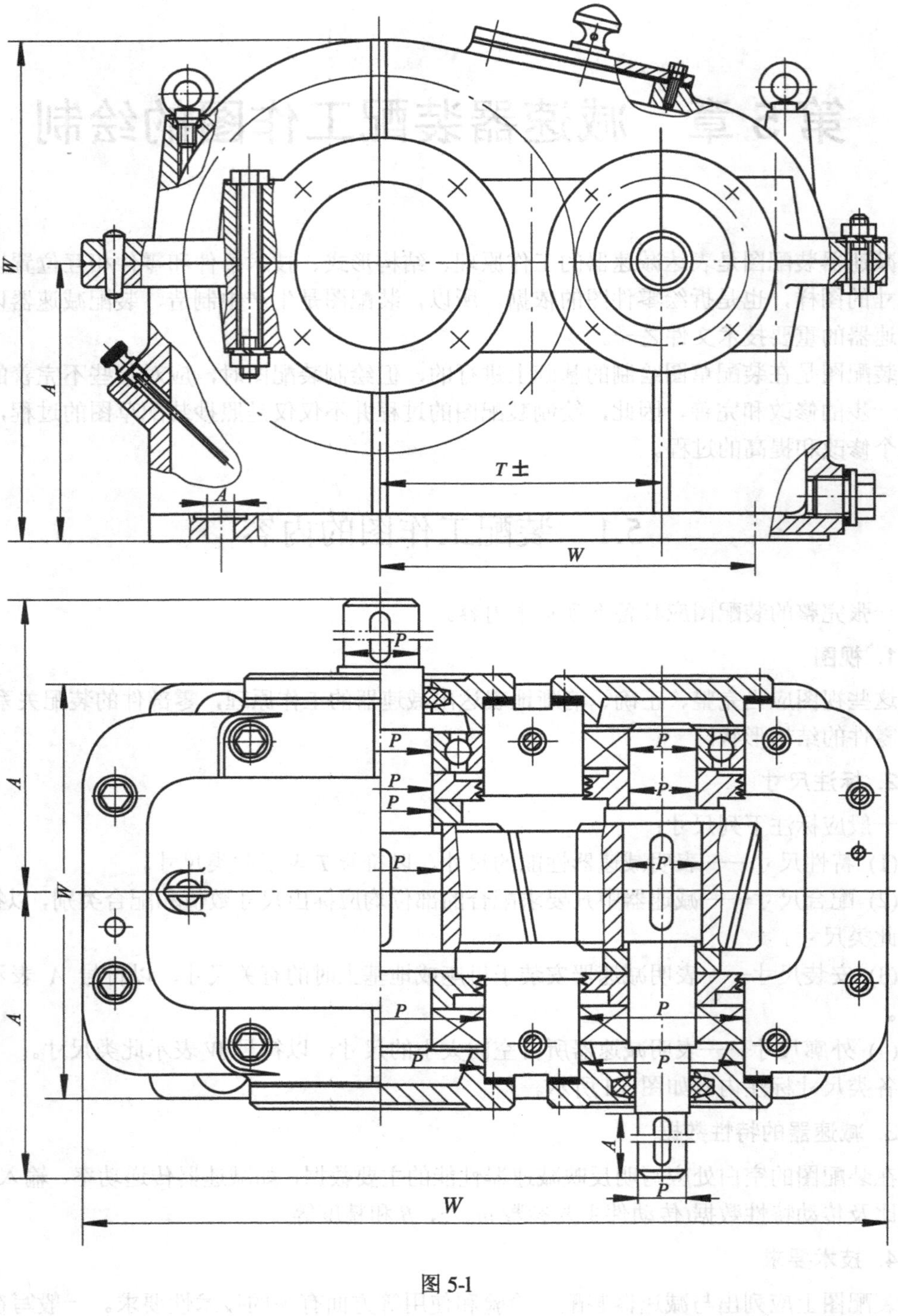

图 5-1

装配图上的技术要求通常包括下列内容：

(1) 传动件及轴承润滑油的牌号、用量以及更换时间；

(2) 滚动轴承的轴向间隙及其调整方法；

(3) 齿轮啮合的传动侧隙和接触斑点的要求；

(4) 减速器的密封；

(5) 试验要求包括空载和负荷情况下做试验的条件及要求；

(6) 其它要求：如对清洗、外观、包装和运输等方面的要求。

5. 零件编号、标题栏和零件明细表

1) 零件编号

减速器装配图中可采用不区分标准件和非标准件统一编号。对于独立组装件(如滚动轴承、油标装置等)，只按一个零件编号；对于装配关系清楚的零件组(如螺栓、垫圈、螺母等)，可以采用公共编号引线，如图 5-2 所示。

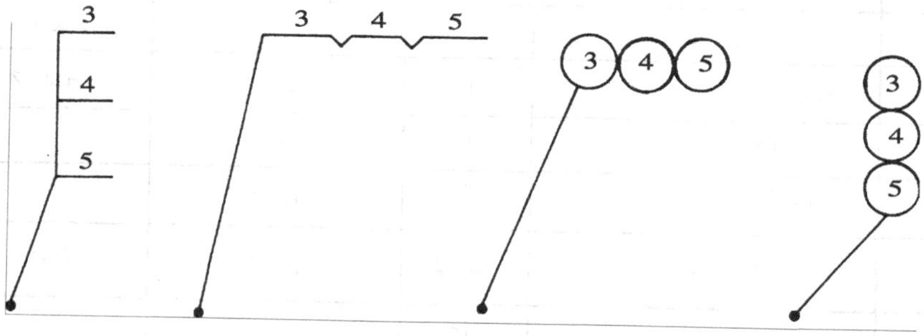

图 5-2

2) 标题栏

标题栏应安排在图纸右下角，用以说明减速器的名称、重量、比例等。其格式与尺寸不尽统一。从教学角度，推荐使用如图 5-3 所示的标题栏的格式、内容和尺寸。

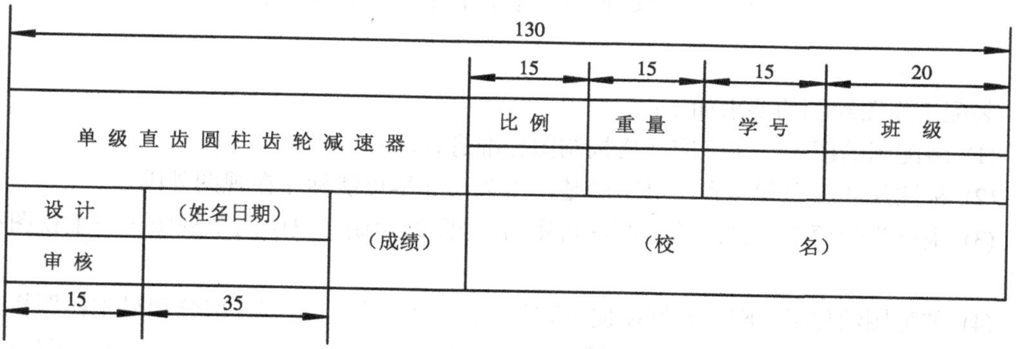

130
15
15
15
20
单级直齿圆柱齿轮减速器
比例
重量
学号
班级
设计
（姓名日期）
审核
（成绩）
（校　　名）
15
35

图 5-3

3) 零件明细表

零件明细表位于标题栏之上，与标题栏等宽。明细表是减速器所有零件的详细目录。填写时由下向上填写，标准件应写明名称、规格、标记及标准代号。材料应填写牌号。对于独立组件可在备注栏中注明“组件”或“外购件”。齿轮和轴应在备注栏中填写热处理方法和主要参数。

零件明细表的格式、尺寸和填写方法如图 5-4 所示。

…	…	…	…	…	
7	轴	1	45	正火	
6	键10×55	1	45	GB1095—79	
5	螺栓M8×25	6	A3	GB/T5782—2000	
4	深沟球轴承（6207）	2		外购件	
3	齿轮	1	45	调质、m=2、Z=20	
2	毡封油圈	1	半粗羊毛毡		
1	轴承盖	1	HT150		7
序 号	零 件 名 称	数 量	材 料	备 注	10
15	50	15	30		
130					

图 5-4

5.2　装配工作图绘制的要求

装配工作图绘制的要求如下：

(1) 装配图的图形、文字应严格按制图标准进行。

(2) 标注尺寸应布置整齐，书写清楚，多数尺寸尽可能标注在视图外围。

(3) 根据教学要求，减速器装配图可用 1 号图纸绘制，只画两个视图——主视图和俯视图。

(4) 装配图绘好后，应折叠好以便于装订。折叠方法以留出装订部分和显露标题栏为准则。从教学角度，以交图时整齐、方便出发，建议将图纸长、宽方向以“S”形三等分折叠，把标题栏折叠在外面，如图 5-5 所示。

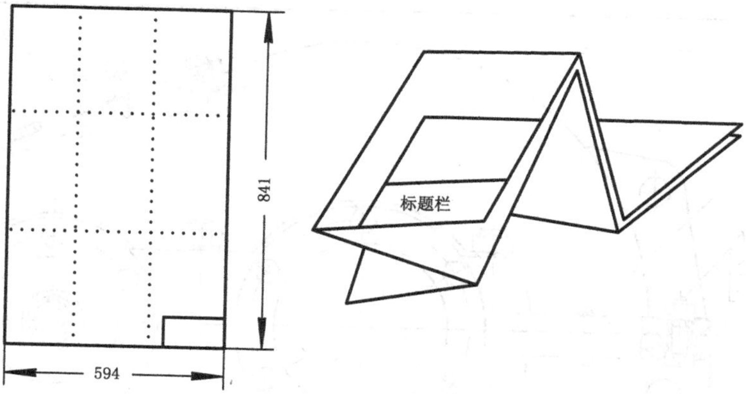

图 5-5

5.3 减速器主要零件的配合

正确选择减速器中的各种配合类别对提高减速器的工作性能、改善装配和加工的工艺性以及降低成本等具有重要的意义。目前生产中多采用类比法，即参照结构和工作条件相仿的减速器产品和有关资料进行选择。

减速器的主要零件配合可参照表 5-1 选择。

表 5-1 减速器主要零件的荐用配合

配合零件	荐用配合	装拆方法
大、中型减速器的低速级齿轮(蜗轮)与轴的配合，轮缘与轮芯的配合	H7/r6，H7/s6	用压力机或温差法(中等压力的配合，小过盈配合)
一般齿轮、蜗轮、带轮、联轴器与轴的配合	H7/r6	用压力机(中等压力的配合)
要求对中性良好及很少装拆的齿轮、蜗轮、联轴器与轴的配合	H7/n6	用压力机(较紧的过渡配合)
小圆锥齿轮及较常装拆的齿轮、联轴器与轴的配合	H7/m6，H7/k6	手锤打入(过渡配合)
滚动轴承内孔与轴的配合(内圈旋转)	js6(轻负荷)、k6、m6(中等负荷)	用压力机(实际为过盈配合)
滚动轴承外圈与箱体孔的配合(外圈不转)	H7，H6(精度要求高时)	木锤或徒手装拆
轴承套杯与箱体孔的配合	H7/h6	木锤或徒手装拆

图 5-6 所示为减速器的装配工作图，供设计者参考。

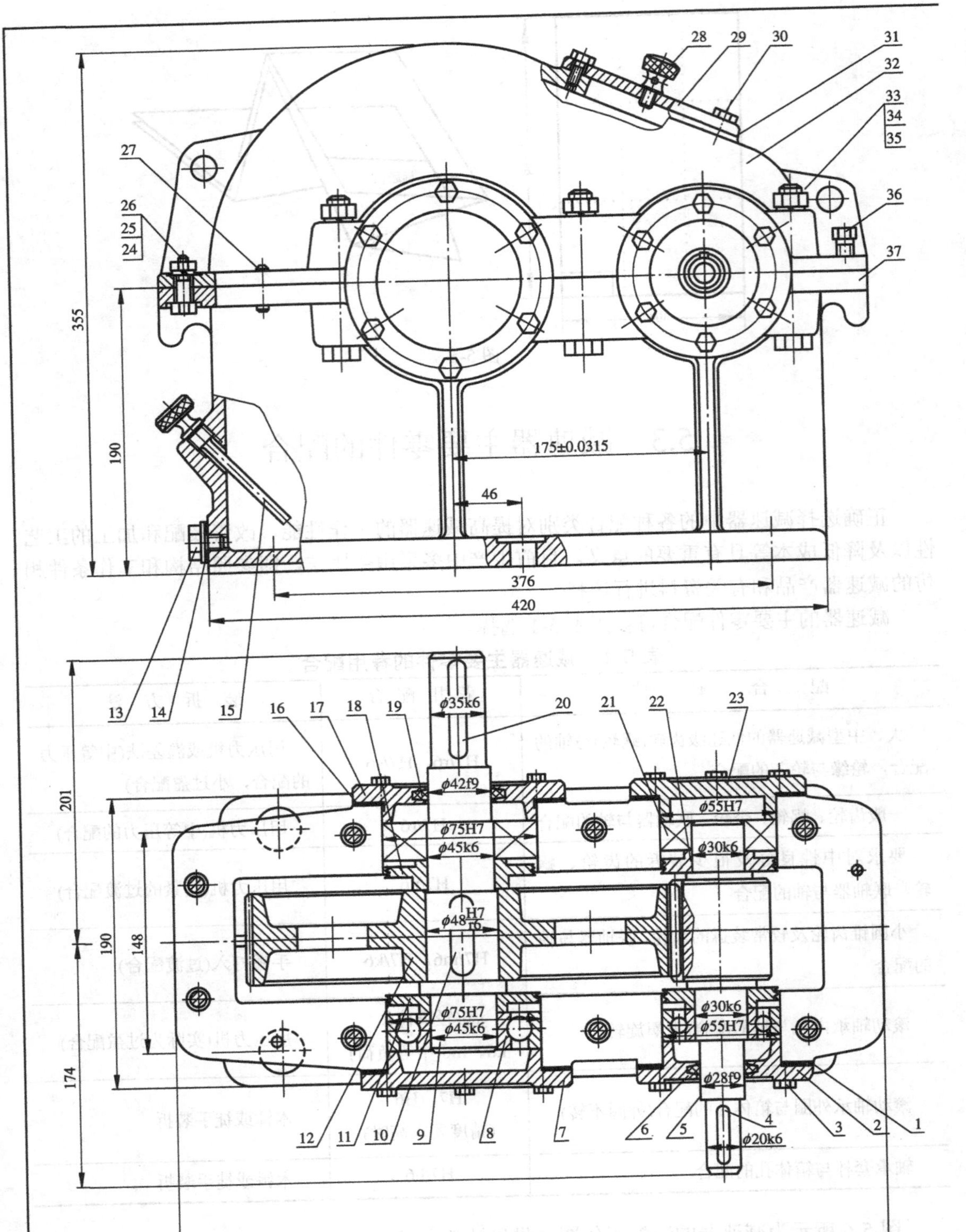
28
29
30
31
32
33
34
35
27
36
26
25
24
37
355
190
175±0.0315
46
376
420
13
14
15
201
16
17
18
19
20
21
22
23
ϕ35k6
ϕ42f9
ϕ55H7
ϕ75H7
ϕ45k6
ϕ30k6
ϕ48 H7/r6
190
148
ϕ75H7
ϕ45k6
ϕ30k6
ϕ55H7
174
ϕ28f9
ϕ20k6
12
11
10
9
8
7
6
5
4
3
2
1
495

图 5-6

减速器特性

P_1(kW)	n_1(r/min)	i
2.68	568	4.2

技 术 要 求

(1) 装配前，滚动轴承用汽油清洗，其它零件用煤油清洗。箱体内不许任何杂物存在，内壁涂上不被机油侵蚀的涂料两次。

(2) 滚动轴承的轴向间隙为0.25～0.40 mm，用调整垫片调整轴向间隙。

(3) 侧隙不小于0.336 mm。

(4) 用涂色法检验斑点，按齿高接触斑点不少于40%，齿长接触斑点不少于50%，必要时可用研磨或刮后研磨改善接触情况。

(5) 检查减速器剖分面、各接触面及密封处，均不许漏油，剖分面允许涂以密封油漆或水玻璃，不允许使用任何其它填料。

(6) 作空载试验正、反转各1小时，要求运转平稳，噪声小，联接固定处不得松动。负载试验时，油池温升不得超过35℃，轴承温升不得超过40℃。

(7) 齿轮采用L-CKB220号工业闭式齿轮油润滑，装至规定油面高度。轴承采用钙基2号润滑脂润滑，油脂填入量为轴承空间的1/3～1/2。

(8) 表面涂灰色油漆。

37	箱座	1	HT200	
36	起盖螺钉 M10×25	1	Q235A	GB5782—86
35	螺栓 M14×90	6	Q235A	GB5782—86
34	垫圈 14	6	65Mn	GB93—87
33	螺母 M14	6	Q235A	GB6170—86
32	箱盖	1	HT200	
31	垫片	1	石棉橡胶纸	
30	螺钉 M6×15	4	Q235A	GB5782—86
29	观察孔盖	1	Q215A	
28	通气器	1	Q235A	
27	销 A8×30	2	35	GB117—86
26	垫圈 10	2	65Mn	GB93—87
25	螺母 M10	2	Q235A	GB6170—86
24	螺栓 M10×40	2	Q235A	GB5782—86
23	端盖	1	HT150	
22	甩油环	1	Q235A	
21	轴承 6006	2		GB/T276 —93
20	键 10×70	1	Q275A	GB1096—90
19	毡封油圈	1	半粗羊毛毡	
18	甩油环	1	Q235A	
17	端盖	1	HT150	
16	调整垫片	2	08F	成组
15	油标尺	1		成组
14	垫片	1	石棉橡胶纸	
13	螺塞 M18×1.5	1	Q235A	JB/ZQ4450—86
12	大齿轮	1	45	
11	甩油环	1	Q235A	
10	键 14×45	1	Q275A	GB1096—90
9	轴	1	45	
8	轴承 6009	2		GB/T276 —93
7	端盖	1	HT150	
6	毡封油圈	1	半粗羊毛毡	
5	齿轮轴	1	45	
4	键 6×40	1	Q275A	GB1096—90
3	螺钉 M6×20	24	Q235A	GB5782—86
2	端盖	1	HT150	
1	调整垫片	2	08F	成组
序号	零 件 名 称	数量	材 料	备 注

单级圆柱齿轮减速器	比例	重量	学号	班级
设计				
审核				

图 5-6

第 6 章　减速器零件工作图的绘制

零件工作图是零件制造、检验和制订工艺规程的基本技术文件。它既要反映出设计意图，又要考虑到制造的可能性和合理性。因此零件工作图应包括制造和检验零件所需的全部内容，如图形、尺寸及其公差、表面粗糙度、形位公差、对材料及热处理的说明及其它技术要求、标题栏等。

6.1　零件图绘制的内容及要求

零件图绘制的内容及要求如下：

(1) 每个零件必须单独绘制在一个标准图幅中，合理安排视图，尽量采用 1∶1 的比例尺，用各种视图把零件各部分的结构形状及尺寸表达清楚。对于细部结构(如圆角等)，如有必要，可用放大的比例尺另行表示。

(2) 零件的基本结构及主要尺寸应与装配图一致，不应随意更改。如必须更改，应对装配图作相应的修改。

(3) 标注尺寸时要选好基准面，标出足够的尺寸而不重复，并且要便于零件的加工制造，应避免在加工时作任何计算。大部分尺寸最好集中标注在最能反映零件特征的视图上。

(4) 零件的所有表面都应注明表面粗糙度等级，如较多表面具有同样粗糙度等级，可集中在图纸右上角标注，但只允许就一个粗糙度如此标注。粗糙度等级的选择，可参看有关手册，在不影响正常工作的情况下，尽量取低的等级。

(5) 零件工作图上要标注必要的形位公差。它是评定零件质量的重要指标之一，其具体数值及标注方法可参考有关手册和图册。

(6) 对传动零件还要列出主要几何参数、精度等级及偏差表。

此外，还要在零件工作图上提出必要的技术要求，它是在图纸上不使用图形或符号表示，而在制造时又必须保证的条件和要求。在图纸右下角应画出标题栏，推荐格式如图 6-1 所示。

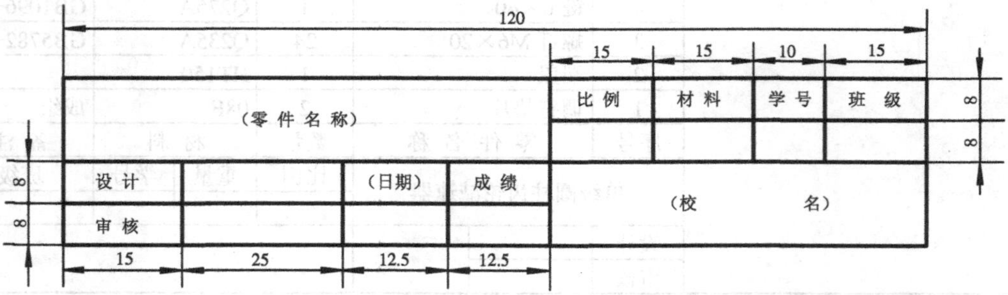

图 6-1

6.2　减速器的主要零件工作图

本节只介绍轴与齿轮的零件工作图。

6.2.1　轴类零件图

1．视图

轴类零件图一般只需一个视图，在有键槽和孔的地方，增加必要的剖视或剖面。对于不易表达清楚的局部，例如退刀槽、中心孔等，必要时应绘制局部放大图。

2．标注尺寸

标注径向尺寸时，凡有配合处的直径，都应标出尺寸偏差。

标注轴向尺寸时，首先应选好基准面，并尽量使尺寸的标注反映加工工艺的要求，不允许出现封闭的尺寸链。

图 6-2 所示为一阶梯轴。根据设计要求，确保轴头的长度和轴颈的相对位置，并根据阶梯轴通常在车床上由大直径逐步加工至小直径的加工顺序以及考虑测量的方便，故选择轴环的右侧面为主要基准，轴的右端面为辅助基准。因此，各主要端面的位置尺寸由基准面注出。

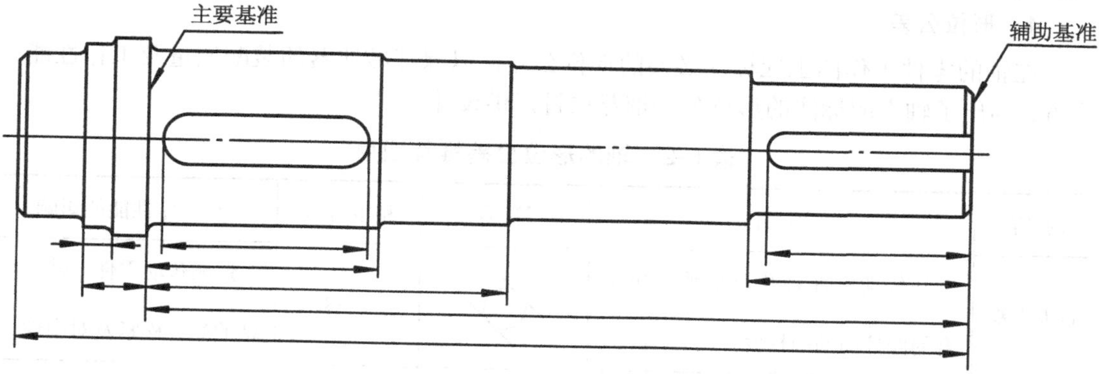

图 6-2

键槽的尺寸偏差及标注方法可查手册。

在零件工作图上对尺寸及偏差相同的直径应逐一标注，不得省略；对所有倒角、圆角都应标注无遗，或在技术要求中说明。

3．表面粗糙度

轴的各个表面都要加工，其表面粗糙度可参照表 6-1 选取。

表 6-1　轴加工表面粗糙度荐用值

<table>
<tr><th>加 工 表 面</th><th colspan="4">粗　糙　度</th></tr>
<tr><td>与齿轮等轮毂相配的表面</td><td colspan="4">R_a＞0.32～2.5，按 2 级精度</td></tr>
<tr><td rowspan="2">与普通精度级滚动轴承相配的表面</td><td colspan="4">轴颈 d＜80 mm 时，R_a＞0.63～1.25</td></tr>
<tr><td colspan="4">轴颈 d＞80 mm 时，R_a＞1.25～2.5</td></tr>
<tr><td>与零件相配的轴肩端面</td><td colspan="4">对轴承，R_a＞1.25～2.5；对传动件、联轴器等，R_a＞1.25～5</td></tr>
<tr><td rowspan="4">装密封件处的轴表面</td><td colspan="2">毡 封 式</td><td>橡 胶 油 封</td><td>间隙或迷宫式</td></tr>
<tr><td colspan="3">装密封件处轴的圆周速度/(m/s)</td><td rowspan="3">R_a＞1.25～5</td></tr>
<tr><td>≤3</td><td>＞3～5</td><td>＞5～10</td></tr>
<tr><td>R_a＞0.63～2.5</td><td>R_a＞0.32～1.25</td><td>R_a＞0.16～0.63</td></tr>
<tr><td>平键键槽</td><td colspan="4">R_a＞2.5～5(工作面)；R_a＞5～10(非工作面)</td></tr>
<tr><td>螺纹牙工作面</td><td colspan="4">R_a＞0.63～1.25(2 级精度)；R_a＞1.25～5(3 级精度)</td></tr>
<tr><td>其它表面</td><td colspan="4">R_a＞2.5～10(工作面)；R_a＞5～80(非工作面)</td></tr>
</table>

4．形位公差

在轴的零件工作图上应标注必要的形位公差，以保证减速器的装配质量及工作性能。表 6-2 列出了轴上应标注的形位公差推荐项目，供设计时参考。

表 6-2　轴的形位公差推荐项目

内 容	项 目	符 号	精度等级	对工作性能的影响
形状公差	与传动零件轴孔及轴承孔相配合的圆柱面的圆柱度	⌭	7～8	影响传动零件、轴承与轴的配合松紧及对中性
位置公差	与传动零件及轴承相配合的圆柱面相对于轴心线的径向全跳动	⌰	6～8	影响传动件和轴承的运转偏心
	与齿轮及轴承定位的端面相对于轴心线的端面圆跳动	↗	6～7	影响齿轮和轴承的定位及受载均匀性
	键槽对轴心线的对称度	⌯	8～9	影响键受载的均匀性及装拆的难易

5. 技术要求

轴类零件图的技术要求包括：

(1) 对材料的机械性能和化学成分的要求等。

(2) 对材料表面机械性能的要求，如热处理方法、热处理后的硬度、渗碳深度及淬火深度等。

(3) 对加工的要求，如是否要保留中心孔，若要保留中心孔，应在零件图上画出或按国标加以说明。

(4) 对于未注明的圆角及倒角的说明。

轴的零件图示例见图 6-3。

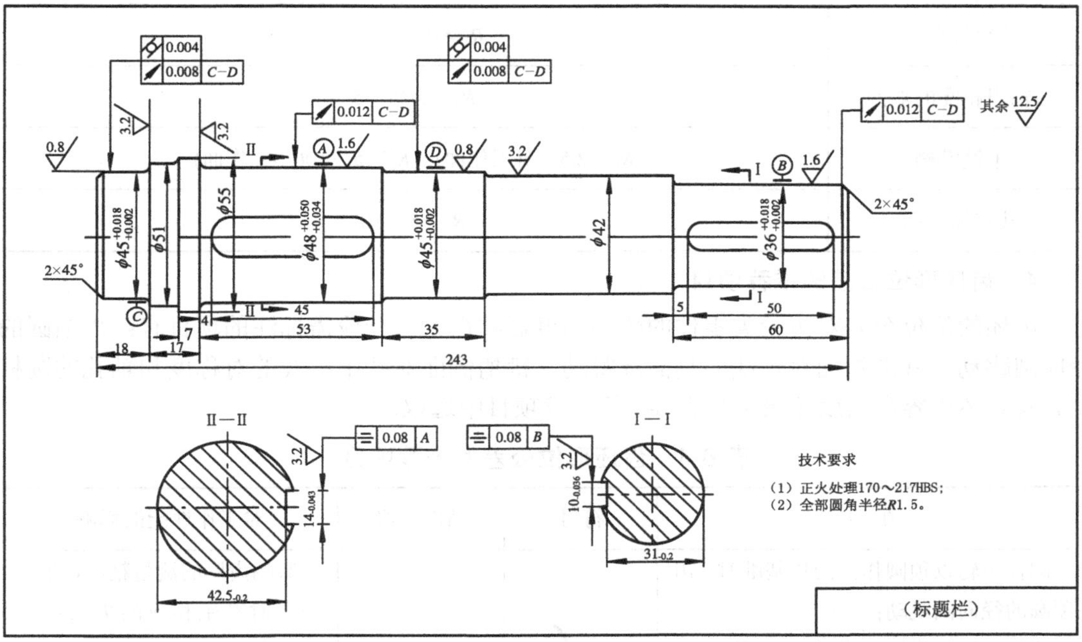

图 6-3

6.2.2 齿轮类零件图

1. 视图

齿轮类零件图一般用两个视图表示。

2. 标注尺寸

各径向尺寸以轴的中心线为基准标出，齿宽方向的尺寸以端面为基准标出。齿轮类零件的分度圆直径虽不能直接测量，但它是设计的基本尺寸，应该标注。这类零件的轴和孔是加工、测量和装配时的重要基准，尺寸精度要求高，应标出尺寸偏差。所有轴、孔的键槽尺寸按规定标注。

3. 表面粗糙度

齿轮类零件的所有表面都应标明表面粗糙度，可从表 6-3 中选取相应的表面粗糙度的推荐值。

表 6-3 齿轮(蜗轮)轮齿表面粗糙度 R_a 推荐值

加 工 表 面		传 动 精 度 等 级			
		6	7	8	9
齿轮工作面		R_a>0.32～0.63	R_a>0.63～2.5	R_a>1.25～2.5	R_a>2.5～5
齿顶圆	作基准	R_a>1.25～2.5	R_a>1.25～5	R_a>2.5～5	R_a>5～10
	非基准	R_a>2.5～10			
轮毂孔		R_a>0.32～2.5			
与轴肩相配的端面		R_a>1.25～5			
平键键槽		R_a>2.5～5(工作面)；R_a>5～10(非工作面)			
其它加工面		R_a>5～10			

4．齿坯形位公差的推荐项目

齿坯的形位公差对齿轮类零件的传动精度影响很大，一般需标注的项目有：齿顶圆的径向圆跳动，基准端面对轴线的端面圆跳动，键槽侧面对孔中心线的对称度和轴孔的圆柱度。其具体内容和精度等级可从表 6-4 的推荐项目中选取。

表 6-4 齿坯形位公差的推荐项目

项 目	符号	精度等级	对工作性能的影响
圆柱齿轮以顶圆作为测量基准时，齿顶圆的径向圆跳动； 圆锥齿轮的齿顶圆锥的径向圆跳动； 蜗轮外圆的径向圆跳动； 蜗杆外圆的径向圆跳动	↗	按齿轮、蜗轮精度等级确定	影响齿厚的测量精度，并在切齿时产生相应的齿圈径向跳动误差。 导致传动件的加工中心与使用中心不一致，引起分齿不均。同时会使轴心线与机床的垂直导轨不平行而引起齿向误差
基准端面对轴线的端面圆跳动	↗		
键槽侧面对孔中心线的对称度	⌯	7～9	影响键侧面受载的均匀性
轴、孔的圆度	○	7～8	影响传动零件与轴配合的松紧及对中性
轴、孔的圆柱度	⌭		

5. 啮合特性

误差检验项目和具体数值，查齿轮公差标准或有关手册。

6. 技术要求

技术要求包括下列内容：

(1) 对铸件、锻件或其它类型坯件的要求。

(2) 对材料的机械性能和化学成分的要求。

(3) 对材料表面机械性能的要求，如热处理方法、热处理后的硬度、渗碳深度及淬火深度等。

(4) 对未注明倒角、圆角半径的说明。

(5) 对大型或高速齿轮的平衡试验要求。

齿轮的零件图示例见图 6-4。

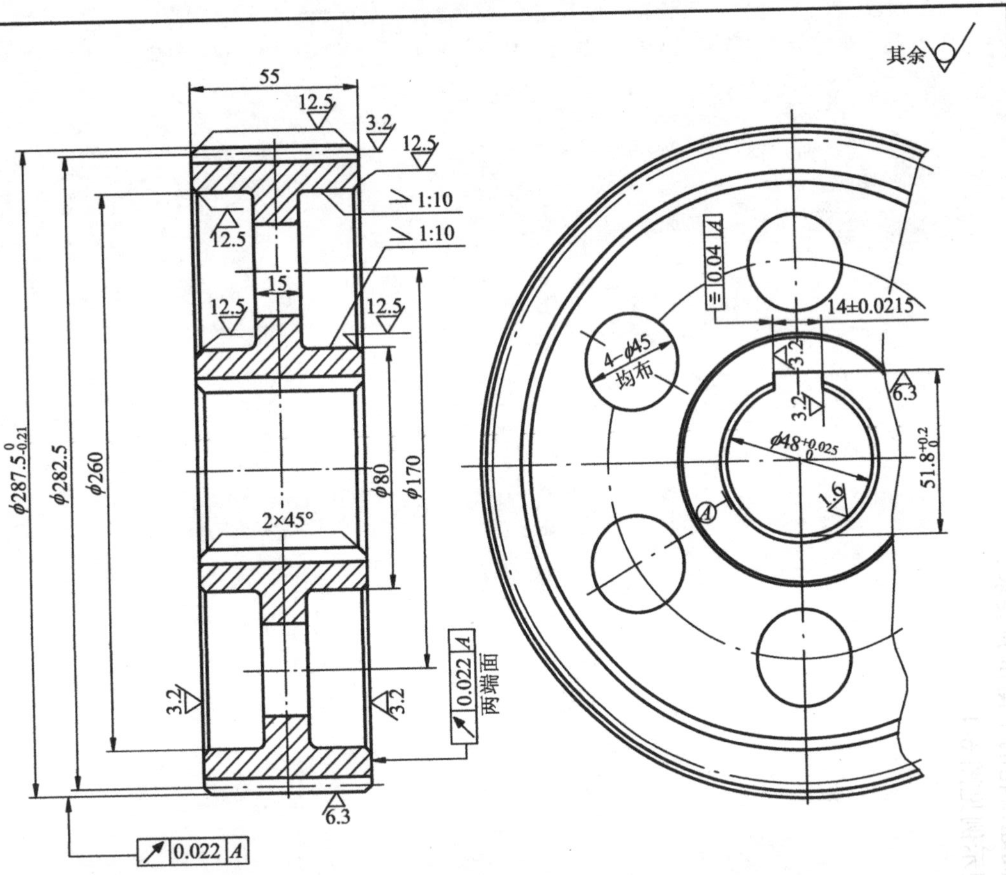

模数	m	2.5
齿数	Z	113
压力角	α	20°
齿顶高系数	h_a^*	1
精度等级		8HKGB10095—88
中心距及其偏差	$a \pm f_a$	175±0.0315
配对齿轮	图号	
	齿数	27
公差组	检验项目代号	公差及极限偏差
Ⅰ 齿圈径向圆跳动公差	F_r	0.063
Ⅰ 共法线长度变动公差	F_W	0.050
Ⅱ 基节极限偏差	f_{pb}	±0.020
Ⅱ 齿形公差	f_f	0.018
Ⅲ 齿向公差	F_β	0.025
共法线平均长度及其偏差	W	$96.208^{-0.181}_{-0.233}$
跨齿数	k	13

技术要求

（1）45钢正火处理162～217HBS；

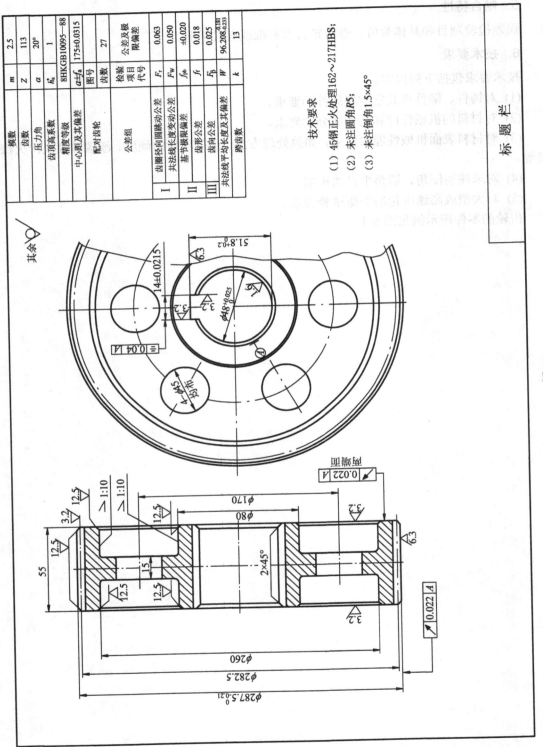

（2）未注圆角$R5$；

（3）未注倒角1.5×45°

标 题 栏

图 6-4

第 7 章　课程设计计算说明书的编写

计算说明书是设计计算的整理和总结，是图纸设计的理论根据，而且是审核设计的技术文件之一，因此编写计算说明书是设计工作的一个重要组成部分。

7.1　设计计算说明书的内容

计算说明书的内容视设计任务而定，对于传动装置设计内容大致包括：

(1) 目录(标题及页次)；

(2) 设计任务书(将教师发给的任务书编入)；

(3) 说明书正文：

① 减速器结构及性能介绍；

② 传动零件(齿轮)的设计计算，并简要说明齿轮的结构设计；

③ 轴的设计计算与校核，并简要说明轴的结构设计；

④ 滚动轴承的选择和计算；

⑤ 键及联轴器的选择与校核；

⑥ 箱体主要结构尺寸的计算；

⑦ 减速器的润滑方式、密封方式、润滑油牌号及用油量的简要说明；

⑧ 减速器附件的选择及简要说明；

⑨ 设计小结(说明通过本次课程设计得到的收获和体会)。

(4) 参考资料。

列出设计过程中所参考的主要图书，资料的名称、作者、出版单位、出版年月等。

7.2　设计计算说明书的要求

计算说明书一般用 16 开纸并加上封面装订成册(封面的格式见图 7-1)，要求计算正确，论述清楚，文字精炼，插图简明，书写整洁。

(1) 计算部分的书写，首先列出用文字符号表达的计算公式，再代入各文字符号的数值(不作任何运算和简化)，最后写下计算结果(标明单位，注意单位的统一，并且写法应一致，即全用汉字或全用符号，不要混用)。

(2) 对所引用的计算公式和数据，应注明来源——参考资料的编号和页次。

(3) 对计算结果，应有“合格”、“安全”等结论。

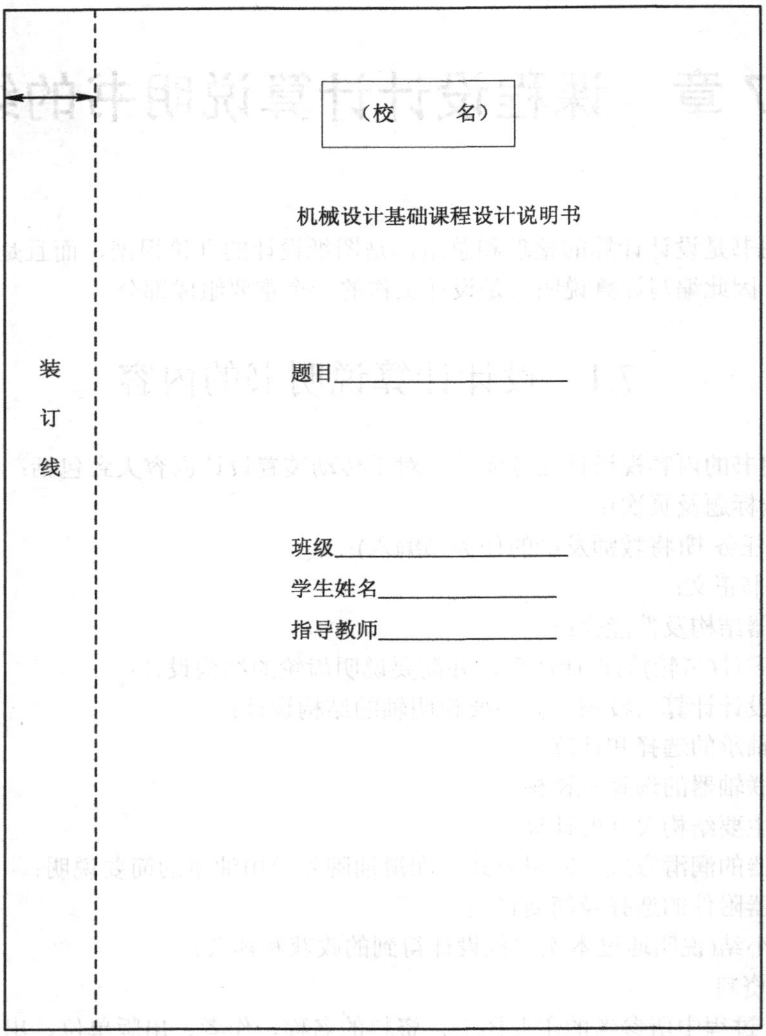

（校　　名）
机械设计基础课程设计说明书
装
订
线
题目
班级
学生姓名
指导教师

图 7-1

(4) 计算部分可用校核形式书写。

(5) 为了清楚说明计算内容，应附有必要的插图，例如，传动方案简图、轴的结构简图、受力图、弯矩和扭矩图以及键联接受力图等。在传动方案简图中对齿轮、轴等零件应统一编号，以便在计算中称呼或作脚注之用(注意在全部计算中所使用的符号和脚注，必须前后一致，不要混乱)。

(6) 对每一自成单元的内容，都应有大、小标题，使其醒目突出。

(7) 所选主要参数、尺寸和规格以及主要的计算结果等，可写在每页右侧留出的约 25 mm 宽的长框内，或集中写于相应的计算之中，也可采用表格形式。例如，各轴的运动和动力参数等一类数据，可列表写出。

设计计算说明书的书写示例见图 7-2。

25	30 设计计算内容	计 算 及 说 明	25 结果	10
	1. 结构型式	一、减速器的结构与性能介绍 本减速器设计为水平剖分，封闭卧式结构。其装配型式如图所示。 …………………………………………		
	2. 外廓尺寸	（减速器外形示意图标注外廓尺寸） …………………………………………		
	3. 主要性能	减速器传递功率 $P=5$ kW 主动轴转速 $n_1=960$ r/min 传动比 $i=4.8$ …………………………………………		
装 订 线	1. 选择材料、确定许用应力 2. 按齿面接触疲劳强度设计	二、齿轮设计计算及结构说明 查表后，大小齿轮均选用45钢。 小齿轮调质处理，硬度为217 ～255 HBS； 大齿轮正火处理，硬度为162 ～217 HBS。 由设计计算公式 $d_1 \geqslant 76.43\sqrt[3]{\dfrac{KT_1(u+1)}{\psi_d u[\sigma_H]^2}}$ 进行计算 …………………………………………	$m=2.5$	
	1. 选择材料、确定许用应力	三、轴的设计计算 1. 按扭矩估算最小直径 (1)选择轴的材料和热处理 …………………………………………		
		八、减速器的附件说明 …………………………………………		

图 7-2

附录A 机械设计基础课程设计题目

课程设计任务书

学生姓名____ 班级____ 学号____

设计题目：设计一用于带式运输机上的单级直(斜)齿圆柱齿轮减速器。

传动简图见附图A-1。

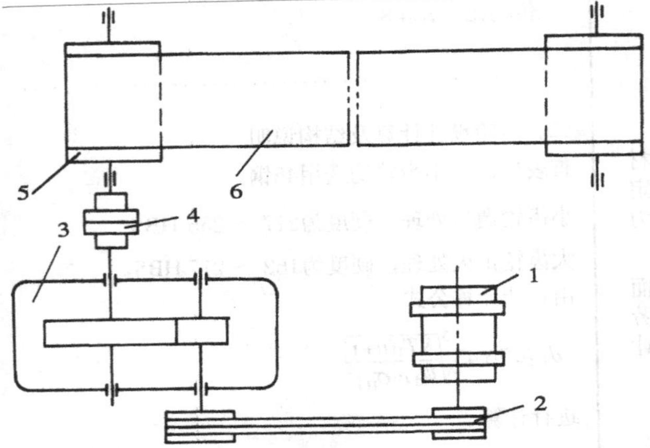

1—电动机；2—带传动；3—减速器；4—联轴器；5—滚筒；6—传送

附图A-1

原始数据：(10组数据可任选一种)

减速器传递功率 P/kW	2	4	5	2	8	4	4	9.6	10	10
主动轴转速 n_1/(r/min)	500	600	450	1000	200	500	800	800	1000	960
减速器传动比 i	3.2	3	2	2	3	3	5	2	2	2.5

工作条件：两班制，连续单向运转，载荷轻微冲击；工作年限10年；环境最高温度35℃；小批量生产。

设计工作量：

(1) 减速器装配图1张；

(2) 零件工作图1～2张(从动轴、齿轮)；

(3) 设计说明书1份。

指导教师______ 教研室主任______

发题日期 年 月 日

完成日期 年 月 日

附录B 滚动轴承

附表 B-1 深沟球轴承(摘自 GB/T276—1994)

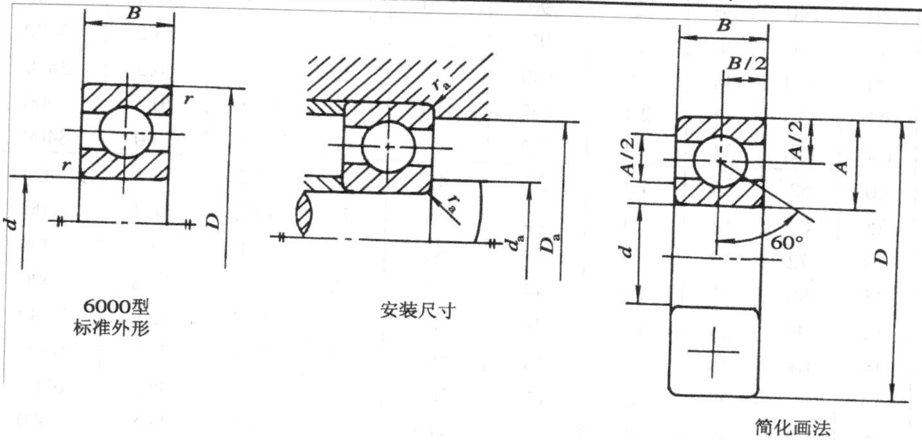

标记示例：滚动轴承 6216 GB/T276—1994

F_a/C_0	e	Y	当量动负荷	当量静负荷
0.014	0.19	2.30	$\frac{F_a}{F_r} \leqslant e$，$P=F_r$；	$\frac{F_a}{F_t} \leqslant 0.8$，$P_{0r}=F_r$；
0.028	0.22	1.99		
0.056	0.26	1.71	$\frac{F_a}{F_r} > e$，$P=0.56F_r+YF_a$	$\frac{F_a}{F_r} > 0.8$，$P_{0r}=0.6F_r+0.5F_a$
0.084	0.28	1.55		取上列两式计算结果的较大值
0.11	0.30	1.45		
0.17	0.34	1.31		
0.28	0.38	1.15		
0.42	0.42	1.04		
0.56	0.44	1.00		

轴承型号	基本尺寸/mm				安装尺寸/mm			基本额定负荷/kN		极限转速/(r/min)	
	d	D	B	r_s min	d_a min	D_a max	r_{as} max	C_r	C_{0r}	脂润滑	油润滑
6204	20	47	14	1	26	41	1	9.88	6.18	14 000	18 000
6205	25	52	15	1	31	46	1	10.8	6.95	12 000	16 000
6206	30	62	16	1	36	56	1	15.0	10.0	9500	13 000
6207	35	72	17	1.1	42	65	1	19.8	13.5	8500	11 000
6208	40	80	18	1.1	47	73	1	22.8	15.8	8000	10 000
6209	45	85	19	1.1	52	78	1	24.5	17.5	7000	9000
6210	50	90	20	1.1	57	83	1	27.0	19.8	6700	8500
6211	55	100	21	1.5	64	91	1.5	33.5	25.0	6000	7500
6212	60	110	22	1.5	69	101	1.5	36.8	27.8	5600	7000
6213	65	120	23	1.5	74	111	1.5	44.0	34.0	5000	6300

续表

轴承型号	基本尺寸/mm				安装尺寸/mm			基本额定负荷/kN		极限转速/(r/min)	
	d	D	B	r_s min	d_a min	D_a max	r_{as} max	C_r	C_{0r}	脂润滑	油润滑
6214	70	125	24	1.5	79	116	1.5	46.8	37.5	4800	6000
6215	75	130	25	1.5	84	121	1.5	50.8	41.2	4500	5600
6216	80	140	26	2	90	130	2	55.0	44.8	4300	5300
6217	85	150	28	2	95	140	2	64.0	53.2	4000	5000
6218	90	160	30	2	100	150	2	73.8	60.5	3800	4800
6219	95	170	32	2.1	107	158	2.1	84.8	70.5	3600	4500
6220	100	180	34	2.1	112	168	2.1	94.0	79.0	3400	4300
6304	20	52	15	1.1	27	45	1	12.2	7.78	13 000	17 000
6305	25	62	17	1.1	32	55	1	17.2	11.2	10 000	14 000
6306	30	72	19	1.1	37	65	1	20.8	14.2	9000	12 000
6307	35	80	21	1.5	44	71	1.5	25.8	17.8	8000	10 000
6308	40	90	23	1.5	49	81	1.5	31.2	22.2	7000	9000
6309	45	100	25	1.5	54	91	1.5	40.8	29.8	6300	8000
6310	50	110	27	2	60	100	2	47.5	35.6	6000	7500
6311	55	120	29	2	65	110	2	55.2	41.8	5600	6700
6312	60	130	31	2.1	72	118	2.1	62.8	48.5	5300	6300
6313	65	140	33	2.1	77	128	2.1	72.2	56.5	4500	5600
6314	70	150	35	2.1	82	138	2.1	80.2	63.2	4300	5300
6315	75	160	37	2.1	87	148	2.1	87.2	71.5	4000	5000
6316	80	170	39	2.1	92	158	2.1	94.5	80.0	3800	4800
6317	85	180	41	3	99	166	2.5	102	89.2	3600	4500
6318	90	190	43	3	104	176	2.5	112	100	3400	4300
6319	95	200	45	3	109	186	2.5	122	112	3200	4000
6320	100	215	47	3	114	201	2.5	132	132	2800	3600
6404	20	72	19	1.1	27	65	1	23.8	16.8	9500	13 000
6405	25	80	21	1.5	34	71	1.5	29.5	21.2	8500	11 000
6406	30	90	23	1.5	39	81	1.5	36.5	26.8	8000	10 000
6407	35	100	25	1.5	44	91	1.5	43.8	32.5	6700	8500
6408	40	110	27	2	50	100	2	50.2	37.8	630	8000
6409	45	120	29	2	55	110	2	59.2	45.5	5600	7000
6410	50	130	31	2.1	62	118	2.1	71.0	55.2	5200	6500
6411	55	140	33	2.1	67	128	2.1	77.5	62.5	4800	6000
6412	60	150	35	2.1	72	138	2.1	83.8	70.0	4500	5600
6413	65	160	37	2.1	77	148	2.1	90.8	78.0	4300	5300
6414	70	180	42	3	84	166	2.5	108	99.2	3800	4800
6415	75	190	45	3	89	176	2.5	118	115	3600	4500
6416	80	200	48	3	94	186	2.5	125	125	3400	4300
6417	85	210	52	4	103	192	3	135	138	3200	4000
6418	90	225	54	4	108	207	3	148	188	2800	3600
6420	100	250	58	4	118	232	3	172	195	2400	3200

附表 B-2　角接触球轴承(摘自 GB/T276—1994)

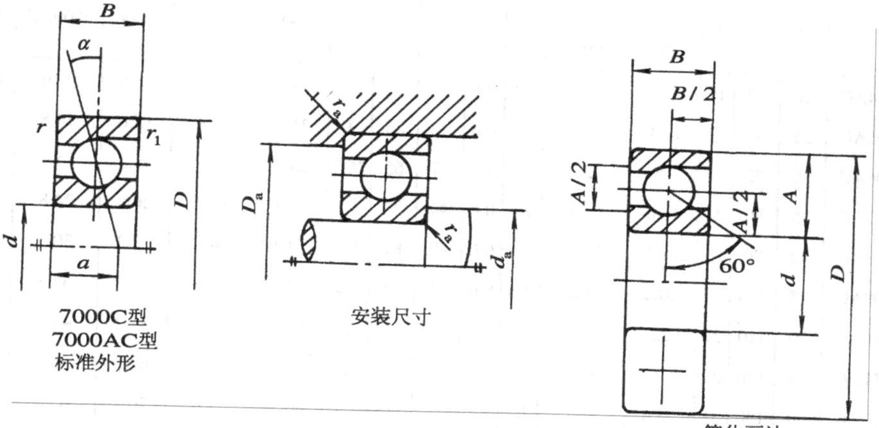

7000C型
7000AC型
标准外形

安装尺寸

简化画法

轴承型号		基本尺寸/mm			其它尺寸/mm				安装尺寸/mm			基本定动负荷 C_r/kN		基本额定静负荷 C_{0r}/kN		极限转速 /(r/min)	
		d	D	B	a 7000C	a 7000AC	r_s	r_{1s}	d_a	D_a	r_{as}	7000C	7000AC	7000C	7000AC	脂润滑	油润滑
7204C	7204AC	20	47	14	11.5	14.9	1	0.3	2.6	41	1	11.2	10.8	7.46	7.00	13 000	18 000
7205C	7205AC	25	52	15	12.7	16.4	1	0.3	31	46	1	12.8	12.2	8.95	8.38	11 000	16 000
7206C	7206AC	30	62	16	14.2	18.7	1	0.3	36	56	1	17.8	16.8	12.8	12.2	9000	13 000
7207C	7207AC	35	72	17	15.7	21	1.1	0.6	42	65	1	23.5	22.5	17.5	16.5	8000	11 000
7208C	7208AC	40	80	18	17	23	1.1	0.6	47	73	1	26.8	25.8	20.5	19.2	7500	10 000
7209C	7209AC	45	85	19	18.2	24.7	1.1	0.6	52	78	1	29.8	28.2	23.8	22.5	6700	9000
7210C	7210AC	50	90	20	19.4	26.3	1.1	0.6	57	83	1	32.8	31.5	26.8	25.2	6300	8500
7211C	7211AC	55	100	21	20.9	28.6	1.5	0.6	64	91	1.5	40.8	38.8	33.8	31.8	5600	7500
7212C	7212AC	60	110	22	22.4	30.8	1.5	0.6	69	101	1.5	44.8	42.8	37.8	35.5	5300	7000
7213C	7213AC	65	120	23	24.2	33.5	1.5	0.6	74	111	1.5	53.8	51.2	46.0	43.2	4800	6300
7214C	7214AC	70	125	24	25.3	35.1	1.5	0.6	79	116	1.5	56.0	53.2	49.2	46.2	4500	6700
7215C	7215AC	75	130	25	26.4	36.6	1.5	0.6	84	121	1.5	60.8	57.8	54.2	50.8	4300	5600
7216C	7216AC	80	140	26	27.7	38.9	2	1	90	130	2	68.8	65.5	63.2	59.2	4000	5300
7217C	7217AC	85	150	28	29.9	41.6	2	1	95	140	2	76.8	72.8	69.8	65.5	3800	5000
7218C	7218AC	90	160	30	31.7	44.2	2	1	100	150	2	94.2	89.8	87.8	82.2	3600	4800
7219C	7219AC	95	170	32	33.8	46.9	2.1	1.1	107	158	2.1	102	98.8	95.5	89.2	3400	4500
7220C	7220AC	100	180	34	35.8	49.7	2.1	1.1	112	168	2.1	114	108	115	100	3200	4300

续表

轴承型号		基本尺寸/mm			其它尺寸/mm				安装尺寸/mm			基本定动负荷 C_r/kN		基本额定静负荷 C_{0r}/kN		极限转速 /(r/min)	
		d	D	B	a		r_s	r_{1s}	d_a	D_a	r_{as}	7000C	7000AC	7000C	7000AC	脂润滑	油润滑
					7000C	7000AC											
7304C	7304AC	20	52	15	11.3	16.8	1.1	0.6	27	45	1	14.2	13.8	9.68	9.10	12 000	17 000
7305C	7305AC	25	62	17	13.1	19.1	1.1	0.6	32	55	1	21.5	20.8	15.8	14.8	9500	14 000
7306C	7306AC	30	72	19	15	22.2	1.1	0.6	37	65	26.2	25.2	19.8	18.5	8	500	12 000
7307C	7307AC	35	80	21	16.6	24.5	1.5	0.6	44	71	1.5	34.2	32.8	26.8	24.8	7500	10 000
7308C	7308AC	40	90	23	18.5	27.5	1.5	0.6	49	81	1.5	40.2	38.5	32.3	30.5	6700	9000
7309C	7309AC	45	100	25	20.2	30.2	1.5	0.6	54	91	1.5	49.2	47.5	39.8	37.2	6000	8000
7310C	7310AC	50	110	27	22	33	2	1	60	100	2	58.5	55.5	47.2	44.5	5600	7500
7311C	7311AC	55	120	29	23.8	35.8	2	1	65	110	2	70.5	67.2	60.5	56.8	5000	6700
7312C	7312AC	60	130	31	25.6	38.7	2.1	1.1	72	118	2.1	80.5	77.8	70.2	65.8	4800	6300
7313C	7313AC	65	140	33	27.4	41.5	2.1	1.1	77	128	2.1	91.5	89.8	80.5	75.5	4300	5600
7314C	7314AC	70	150	35	29.2	44.3	2.1	1.1	82	138	2.1	102	98.5	91.5	86.0	4000	5300
7315C	7315AC	75	160	37	31	47.2	2.1	1.1	87	148	2.1	112	108	105	97.0	3800	5000
7316C	7316AC	80	170	39	32.8	50	2.1	1.1	92	158	2.1	122	118	118	108	3600	4800
7317C	7317AC	85	180	41	34.6	52.8	3	1.1	99	166	2.5	132	125	128	122	3400	4500
7318C	7318AC	90	190	43	36.4	55.6	3	1.1	104	176	2.5	142	135	142	135	3200	4300
7319C	7319AC	95	200	45	38.2	58.5	3	1.1	109	186	2.5	152	145	158	148	3000	4000
7320C	7320AC	100	215	47	40.2	61.9	3	1.1	114	201	2.5	162	165	175	178	2600	3600
	7406AC	30	90	23		26.1	1.5	0.6	39	81	1		42.5		32.2	7500	10 000
	7407AC	35	100	25		29	1.5	0.6	44	91	1.5		53.8		42.5	6300	8500
	7408AC	40	110	27		31.8	2	1	50	100	2		62.0		49.5	6000	8000
	7409AC	45	120	29		34.6	2	1	55	110	2		66.8		52.8	5300	7000
	7410AC	50	130	31		37.4	2.1	1.1	62	118	2.1		76.5		64.2	5000	6700
	7412AC	60	150	35		43.1	2.1	1.1	72	138	2.1		102		90.8	4300	5600
	7414AC	70	180	42		51.5	3	1.1	84	166	2.5		125		125	3600	4800
	7416AC	80	200	48		58.1	3	1.1	94	186	2.5		152		162	3200	4300
	7418AC	90	215	54		64.8	4	1.5	108	197	3		178		205	2800	3600

附录C 联 轴 器

附表 C-1 凸缘联轴器(摘自 GB/T5843—1986)

mm

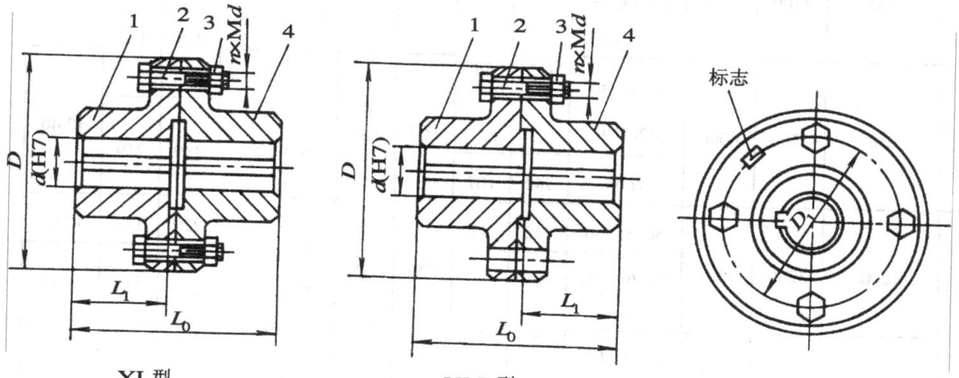

YL型　　YLD型

标记示例：YL5 联轴器 $\frac{J30\times 60}{J_1B\,28\times 44}$ GB/T5843—1986，1、4—半联轴器；2—螺栓；3—尼龙锁紧螺帽

主动端：J 型轴孔，A 型键槽，d=30 mm，L_1=60 mm

从动端：J_1 型轴孔，B 型键槽，d=28 mm，L_1=44 mm

型号	公称转矩 T_n/(N·m)	许用转速 n/(r/min)		轴孔直径* d(H7)	轴孔长度		D	D_1	螺栓		L_0		质量 m/kg	转动惯量 I/(kg·m^2)
		铁	钢		Y 型 L	J、J_1 型 L_1			数量**	直径	Y 型	J、J_1 型		
YL5 YLD5	63	5500	9000	22, 24	52	38	105	85	4 (4)	M8	108	80	3.19	0.013
				25, 28	62	44					128	92		
				30, (32)	82	60					168	124		
YL6 YLD6	100	5200	8000	24	52	38	110	90	4 (4)	M8	108	80	3.99	0.017
				25, 28	62	44					128	92		
				30, 32, (35)	82	60					168	124		
YL7 YLD7	160	4800	7600	28	62	44	120	95	4 (3)	M10	128	92	5.66	0.029
				30, 32, 35, 38	82	60					168	124		
				(40)	112	82					228	172		
YL8 YLD8	250	4300	7000	32, 35, 38	82	60	130	105			169	125	7.29	0.043
				40, 42, (45)	112	84					229	173		

续表

型号	公称转矩 T_n/(N·m)	许用转速 n/(r/min) 铁	许用转速 n/(r/min) 钢	轴孔直径* d(H7)	轴孔长度 Y型 L	轴孔长度 J、J_1型 L_1	D	D_1	螺栓 数量**	螺栓 直径	L_0 Y型	L_0 J、J_1型	质量 m/kg	转动惯量 I/(kg·m²)
YL9 YLD9	400	4100	6800	38	82	60	140	115	6 (3)	M10	169	125	9.53	0.064
				40, 42, 45, 48, (50)	112	84					229	173		
YL10 YLD10	630	3600	6000	45, 48, 50, 55, (56)	112	84	160	130	6 (4)	M10	289	219	12.46	0.112
				(60)	142	107								
YL11 YLD11	1000	3200	5300	50, 55, 56	112	84	180	150	8 (4)	M12	229	173	17.97	0.205
				60, 63, 65, (70)	142	107					289	219	30.62	0.443
YL12 YLD12	1600	2900	4700	60, 63, 65, 70, 71,75	142	107	200	170	12 (6)	M12	349	269	29. 52	0.463
				(80)	172	132								
YL13 YLD13	2500	2600	4300	70, 71, 75	142	107	220	185	8 (6)	M16	289	219	35.58	0.646
				80,85,(90)	172	132					349	269		

注：① “*” 栏内带( )的轴孔直径仅适用于钢制联轴器。

② “**” 栏内带( )的值为铰制孔用螺栓数量。

③ 联轴器质量和转动惯量是按材料为铸铁(括弧内为铸钢)，最小轴孔、最大轴伸长度的近似计算值。

附表 C-2　弹性套柱销联轴器(摘自 GB/T4323—1984)

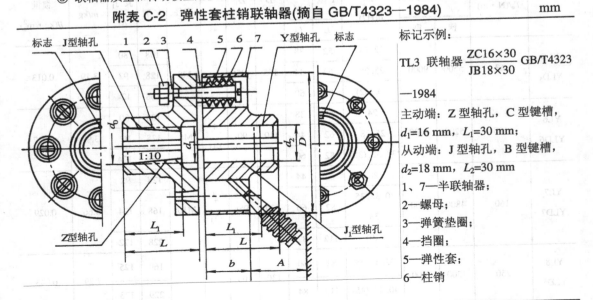

mm

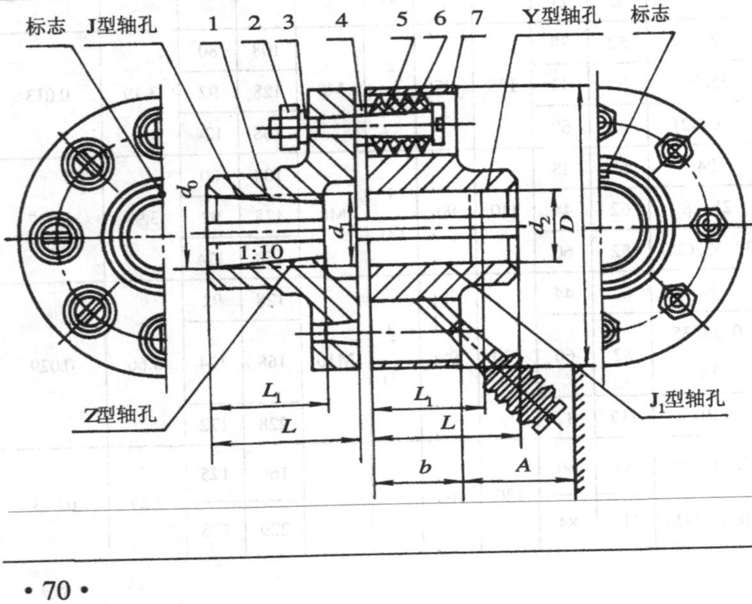

标记示例：

TL3 联轴器 $\frac{ZC16\times30}{JB18\times30}$ GB/T4323—1984

主动端：Z 型轴孔，C 型键槽，d_1=16 mm，L_1=30 mm；

从动端：J 型轴孔，B 型键槽，d_2=18 mm，L_2=30 mm

1、7—半联轴器；

2—螺母；

3—弹簧垫圈；

4—挡圈；

5—弹性套；

6—柱销

型号	公称转矩 T_n/(N·m)	许用转速 n/(r/min) 铁	许用转速 n/(r/min) 钢	轴孔直径* d_1、d_2、d_z	轴孔长度 Y型 L	轴孔长度 J、J_1、Z型 L_1	轴孔长度 J、J_1、Z型 L	D	A	b	质量 m/kg	转动惯量 I/(kg·m^2)	许用补偿量 径向 $\triangle y$	许用补偿量 角向 $\triangle a$
TL1	6.3	6600	8800	9	20	14	—	71	18	16	1.16	0.0004	0.2	1°30'
				10,11	25	17								
				12,(14)	32	20								
TL2	16	5500	7600	12,14			42	80			1.64	0.001		
				16,(18),(19)	42	30								
TL3	31.5	4700	6300	16,18,19				95	35	23	1.9	0.002		
				20,(22)	52	38	52							
TL4	63	4200	5700	20,22,24				106			2.3	0.004		
				(25),(28)	62	44	62							
TL5	125	3600	4600	25,28				130	45	38	8.36	0.011	0.3	
				30,32,(35)	82	60	82							
TL6	250	3300	3800	32,35,38				160			10.36	0.026		1°
				40,(42)	112	84	112							
TL7	500	2800	3600	40,42,45,(48)				190			15.6	0.06		
TL8	710	2400	3000	45,48,50,55,(56)				224	65	48	25.4	0.13	0.4	
				(60),(63)	142	107	142							
TL9	1000	2100	2850	50,55,56	112	84	112	250			30.9	0.20		
				60 ,63, (65), (70), (71)	142	107	142							
TL10	2000	1700	2300	63,65,70,71,75				315	80	58	65.9	0.64		
				80,85,(90),(95)	172	132	172							
TL11	4000	1350	1800	80,85,90,95				400	100	73	122.6	2.06	0.5	0°30'
				100,(110)	212	167	212							
TL12	8000	1100	1450	100,110,120,125				475	130	90	218.4	5.00		
				(130)	252	202	252							
TL13	16 000	800	1150	120,125	212	167	212	600	180	110	425.8	16.00	0 .6	
				130,140,150	252	202	252							
				160,(170)	302	242	302							

注：① “*” 栏内带( )的值仅适用于钢制联轴器。

② 短时过载不得超过公称转矩 T_n 值的 2 倍。

③ 轴孔形式及长度 L、L_1 可根据需要选取。

④ 表中联轴器质量、转动惯量是近似值。

参考文献

[1] 丘季清. 课程设计指导. 西安：西北工业大学出版社，1991
[2] 陈立德. 机械设计基础课程设计指导书. 北京：高等教育出版社，2000
[3] 西北工业大学机械原理及机械零件教研室. 课程设计指导. 西安：陕西科学技术出版社，1981
[4] 贺敬宏. 机械设计基础. 西安：西北大学出版社，2005
[5] 郭红星，等. 机械设计基础. 西安：西安电子科技大学出版社，[2006]